CONTRIBUTION A L'ÉTUDE
DE LA RECONSTITUTION DES VIGNOBLES

III

Porte-Greffes

ET

Producteurs Directs

PAR

Jean BURNAT

VITICULTEUR À NANT-SUR-VEVEY (VAUD) ET À VEYRIER-SOUS-SALÈVE (GENÈVE)

*« La partie de ce volume qui concerne les
producteurs directs a été présentée à
l'Exposition d'Agriculture Suisse, à Lausanne, en 1910, et y a été honorée d'une
médaille de vermeil. »*

AVEC 5 FIGURES DANS LE TEXTE

GENÈVE
GEORG & Cᵒ, Éditeurs
(Maison à Bâle et Lyon)

PARIS
O. DOIN & Fils, Éditeurs
8 Place de l'Odéon, 8

1912-1913.

CONTRIBUTION A L'ÉTUDE
DE LA RECONSTITUTION DES VIGNOBLES

III

Porte-Greffes

ET

Producteurs Directs

PAR

JEAN BURNAT

VITICULTEUR À NANT-SUR-VEVEY (VAUD) ET À VEYRIER-SOUS-SALÈVE (GENÈVE)

« *La partie de ce volume qui concerne les producteurs directs a été présentée à l'Exposition d'Agriculture Suisse, à Lausanne, en 1910, et y a été honorée d'une médaille de vermeil.* »

AVEC 5 FIGURES DANS LE TEXTE

GENÈVE
GEORG & Cᵒ, Éditeurs
(Maison à Bâle et Lyon)

PARIS
O. DOIN & Fils, Éditeurs
8 Place de l'Odéon, 8

1912-1913.

EXPLICATIONS PRÉLIMINAIRES

AU SUJET DE NOTRE

CONTRIBUTION A L'ÉTUDE

DE LA

RECONSTITUTION DU VIGNOBLE

EN TROIS VOLUMES

Celle-ci concerne surtout les cantons de Vaud, de Genève pour la Suisse, et pour la France la région connue sous le nom de Zone franche, qui est composée des arrondissements de Thonon, Bonneville et Saint-Julien pour la H^{te}-Savoie, et de Gex pour l'Ain. Nous y relatons, en outre, les résultats d'un champ d'expériences en terrain très calcaire que nous possédons à Clapiers, près Montpellier (Hérault).

Est-ce à dire qu'un viticulteur d'une autre région que les susnommées ne pourra utiliser cette contribution pour reconstituer son vignoble? Nous ne le pensons pas, car d'abord des terres semblables à celles de nos champs d'expériences se retrouvent ailleurs, puis, aux chapitres où nous avons examiné les portes-greffes en eux-mêmes, nous y parlons, sans entrer dans les détails, il est vrai, des résultats qu'ils ont donné ailleurs que dans ces régions.

D'autre part, au point de vue climat, des situations analogues à celles de plusieurs de nos champs d'expériences ne manquent pas.

IV

Nous avons donné aux trois volumes les titres suivants :

Vol. I. — *Les cépages-greffons* ou *Essai d'Ampélographie vaudoise*.

Vol. II. — *Résultats des champs d'expériences de porte-greffes, greffons et producteurs directs*.

Vol. III. — *Résumé concernant les porte-greffes et les producteurs directs*.

Autant pour la commodité du lecteur que pour la clarté de l'exposé, nous avons été amené à scinder cet ouvrage en trois volumes.

Dans le premier, nous étudions les cépages-greffons, cultivés dans les régions susnommées (Vaud surtout) ou à introduire dans les dites, au point de vue ampélographique et cultural.

Le second volume peut être considéré comme un guide pour la reconstitution proprement dite. Nous y examinons quels sont les facteurs auxquels il faut faire attentions lorsqu'on a une vigne à replanter (état physique du sol, calcaire, calcimètres, traitement de la chlorose, système de taille) et quels sont les meilleures vignes à employer suivant tel ou tel type de terre, en exposant les résultats qu'elles ont donné dans nos champs d'expériences. Dans ce volume figurent de nombreuses analyses de terre et rapports qu'ont bien voulu faire pour nous MM. Dusserre, Directeur de l'établissement fédéral de Mont-Calme, et Chavan, son premier assistant, Monnier, professeur de chimie, à Châtelaine près Genève, Lagatu, professeur de chimie agricole à l'Ecole d'Agriculture de Montpellier, et L. Sicard, chimiste chef à la même école.

Nous remercions ici vivement ces messieurs.

Le troisième volume, que nous considérons plutôt

comme un résumé que comme un ouvrage est consacré à l'étude particulière des porte-greffes et de quelques producteurs directs, il donne une succincte description botanique des principaux. Nous condensons dans ce volume les résultats de nos champs d'expériences, résultats que nous avons détaillés dans le volume II.

Les quelques répétitions obligées que l'on trouvera, s'excuseront, nous l'espérons, par le désir qui nous a guidé de rendre ces trois volumes plus ou moins indépendants les uns des autres.

Du reste, ces volumes ne sont pas destinés à être lus d'un bout à l'autre comme un roman, mais à être consultés un jour au vol. II pour savoir ce qu'on doit planter dans telle situation, un autre jour au vol I pour être renseigné sur un greffon, et encore une autre fois au vol. III pour l'être sur un porte-greffe en lui-même.

Notre incompétence botanique nous a obligé à faire, pour la description des porte-greffes et producteurs directs, de nombreuses citations *in extenso* empruntées à MM. Ravaz, Gervais, Couderc, Foëx. Nous n'aurions pu mieux faire, estimons-nous, que de nous couvrir de leur haute autorité.

Beaucoup d'autres de ces descriptions sont dues à M. A. Estoppey, ingénieur-agronome, et à M. l. Anken, ingénieur-agronome. Nous nous sommes contenté de donner à ces deux collaborateurs les quelques caractères pratiques qu'ont remarqués à la longue M. Baltzinger, directeur de la pépinière de Veyrier, et nous-même.

En admettant, du reste, que nous ayons pu faire nous-même la description de ces cépages, de multiples occupations d'un autre ordre d'idées ne nous auraient pas permis de les déterminer assez vite et ces ouvrages y auraient perdu toute leur actualité,

Nous avons dû introduire au vol. II de nombreuses notes, mais nous ne pensons pas que cette manière de faire présente un inconvénient sérieux, au contraire, puisque le praticien, ou même le petit cultivateur qui n'a pas le loisir d'entrer dans les considérations du détail, pourra n'en pas tenir compte, alors que le spécialiste aura toute latitude de s'y attarder. C'est ainsi que les rapports d'analyses de sols faits par MM. Lagatu et Sicard forment à eux seuls tout l'appendice de ce volume parce que nous estimons qu'il valait la peine de ménager un chapitre à ces rapports d'un si haut intérêt pratique et théorique.

Nous désirons aussi dire au sujet du premier volume (Essai d'ampélographie vaudoise) que nous n'y avions collaboré que par des observations d'ordre général et cultural, tandis que la partie scientifique, la description des cépages ainsi que la rédaction de tout l'ouvrage a été faite par M. Anken ; nous lui adressons ici nos plus vifs remerciements de nous avoir permis de mener à chef cette étude.

Au sujet du volume III, nous n'oublierons pas un témoignage de reconnaissance également à M. A. Estoppey qui, non seulement a procédé à des descriptions botaniques, comme nous l'avons vu plus haut, mais qui a bien voulu rédiger, sur nos indications, plusieurs parties de ce résumé et mettre au net le brouillon que nous lui avions confié, concernant le dit tome.

Nous remercions ici bien sincèrement aussi M. Gagnaire, ingénieur-agricole (E. N. A. M.) actuellement président de la Société d'agriculture

de Thonon (H^te-Savoie), notre collaborateur il y a
quelques années, M. Balzinger, directeur de la
pépinière de Veyrier, M. J.-M. Servettaz (autrefois
employé à la pépinière de Veyrier) qui, tous trois,
avec beaucoup de dévouement, se sont chargés non
seulement d'effectuer les pesées et de noter le degré
de maturité chaque année, mais qui tous trois ont
souvent fait plus d'une observation qui nous a été
des plus utiles. Et, certes, vu le nombre de cépages
expérimentés, cette partie n'a pas été une des
moindres de la dite étude.

Qu'il nous soit permis, en terminant, de solliciter
l'indulgence du lecteur si quelques négligences et
surtout longueurs se sont glissées dans la rédaction
de tomes II et III. La pressante actualité du sujet
nous a poussé à imprimer presque tels qu'ils furent
primitivement rédigés, les manuscrits que nous
avons eu l'avantage de présenter au Jury de la
Division scientifique de l'Exposition suisse d'Agriculture à Lausanne en 1910.

Le volume I a été présenté terminé à cette exposition (à l'état de manuscrit).

Le vol. II y a été présenté en entier comme
ouvrage en préparation, depuis cette époque il n'y
a été fait que quelques additions.

En ce qui concerne le vol. III, la partie «producteurs directs» a seule été envoyée à l'exposition,
depuis, aussi, il y a été ajouté quelques notes.

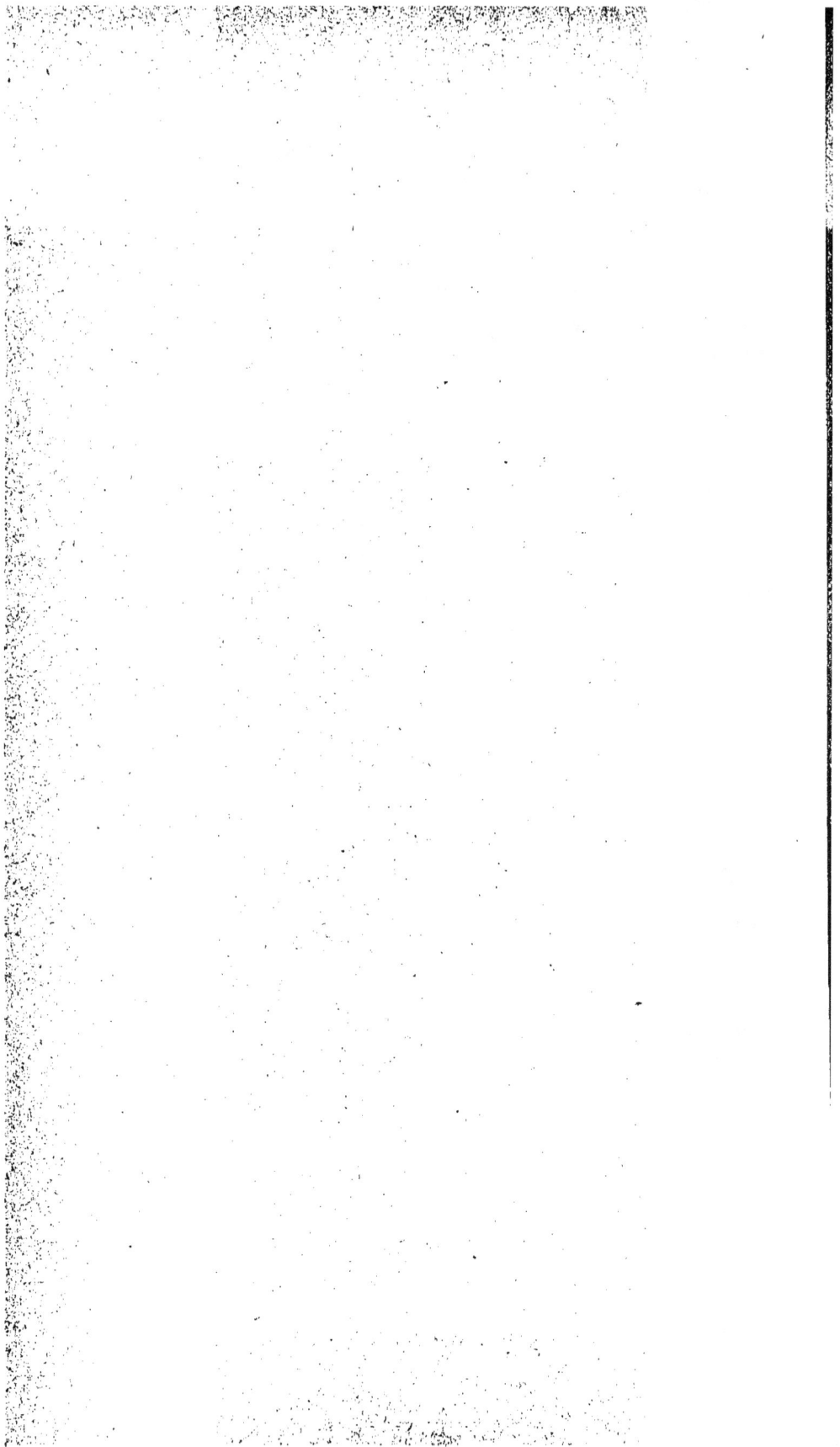

ADDITIONS ET ERRATA

Remarques complémentaires sur porte-greffes et producteurs directs.

Pour ne pas retarder outre mesure la parution des tomes II et III *Contribution à l'étude de la reconstitution des vignobles*, nous avons renoncé à publier un supplément à nos tableaux qui aurait consisté en observations concernant les pesées, la maturité et la résistance aux maladies cryptogamiques dans les années 1910 et 1911.

Ces observations ont été effectuées pendant le temps relativement long où nos livres étaient à l'impression.

En ce qui concerne les porte-greffes, nous avons fait, pendant les deux années, des remarques, intéressantes à notre avis, mais qui, pour la grande majorité des variétés, ne modifient en rien les conclusions que nous avons données précédemment.

Quant aux producteurs directs, ces deux années ne changent pas le résultat de nos observations antérieures, mais il est évident qu'à l'égard du facteur résistance au mildiou, pour 1910, et, jusqu'à un certain point, résistance à la sécheresse pour 1911, ces années ont donné des enseignements très intéressants.

Nous nous contenterons de donner ici (deux pages plus loin) relativement aux porte-greffes un très bref résumé des remarques les plus saillantes. Pour les producteurs directs, nous donnerons les notes de résistance au mildiou que chacun d'eux a obtenues, soit à Veyrier, soit à Vevey, en 1910 et 1911. Nous ajouterons pour ceux cultivés à Veyrier quelques mots sur la façon dont ils se sont comportés pendant la sécheresse de 1911.

Nous n'avons pas, dans ce volume, parlé des observations faites en 1912, nous réservant d'y revenir plus tard. Toutefois, sans vouloir anticiper, disons que dans une visite que nous avons faite à notre champ d'expériences de l'Arpent dur (terre forte à très forte — il en existe de plus fortes encore dans notre canton), appartenant aux poudingues du miocène ayant subi l'action glaciaire, nous avons constaté que certaines greffes sur rupestris Berlandieri qui au début avaient été très longues à produire des récoltes satisfaisantes avaient une belle et bonne fructification. Il s'agit, nous l'avons dit plus haut, de rupestris ✕ Berlandieri dans la combinaison desquels le rupestris ou les rupestris qui ont servi à l'hybridation ne sont pas des rupestris du Lot.

Sans donc vouloir conclure (voir ce que nous disons sur ce champ d'expériences dans notre volume II et ce que nous disons sur les rupestris ✕ Berlandieri dans le présent ouvrage), nous commençons à nous demander si ces combinaisons ne sont pas intéressantes et en tous cas à essayer chez nous ainsi que du reste les rupestris ✕ Berlandieri nouvellement créés par M. Richter qui a employé à l'hybridation cette fois non pas un rupestris ne valant pas les rupestris du Lot et Martin mais ceux-ci.

Voici ce que nous avons noté dans ce champ d'expériences, le 12 octobre 1912 :

Fendant sur Aramon $\times$ rupestris N° 9 — des raisins mais rien d'extraordinaire comme poids.

Fendant sur rupestris $\times$ Berlandieri 301 B — beaucoup de raisins ; un peu inférieur à 301 A et 219 A qui sont à l'orient du même champ d'expériences (le 219 A et le 301 A se trouvent dans deux endroits de ce champ).

219 A rupestris $\times$ Berlandieri — rangs situés à l'occident du champ — quelques souches très belles, moins mûres que celles du 219 A de l'orient du champ : d'autres souches assez belles ayant peu coulé.

Impression générale : les rupestris $\times$ Berlandieri seront intéressants à suivre, surtout (à moins d'un changement ultérieur) les 219 A et 301 A.

Nous ne voulons pas — répétons-le — encore conclure et si nous avons tenu, contrairement à nos habitudes, à citer ici le résultat d'une année, (où du reste la sortie du raisin a été forte même très forte — nous disons la sortie et non partout la récolte — si nous avons tenu, disons-nous, à citer le résultat d'une année, c'est qu'en parlant plus haut de ces porte-greffes (voir vol. II et le chapitre des rupestris $\times$ Berlandieri au vol. III) nous allions jusqu'à nous demander si les rupestris $\times$ Berlandieri (ceux du moins non hybridés avec les rupestris du Lot ou le rupestris Martin) ne joueraient pas plutôt un rôle négatif.

Reste à savoir s'ils surpasseront soit en quantité, soit en qualité, les riparia, les riparia $\times$ rupestris, les Berlandieri $\times$ riparia qui, lorsqu'ils sont à leur place, donnent satisfaction.

Deux facteurs et même parfois trois ont pu agir :

1° La consistance du terrain qui donne toujours à la souche une certaine lenteur d'évolution (racines ayant de la peine à gagner tout le cube de terre nécessaire).

2° Un greffage très mal fait (voir vol. II, champ d'expériences de l'Arpent dur) qui a été cause de nombreux manquants ces premières années et que les expériences ont été loin d'être comparatives, beaucoup de souches étant encore jeunes et ne datant pas du tout du début de la plantation.

3° Peut-être une certaine lenteur intrinsèque d'évolution et même de fructification qui a été signalée parfois çà et là, dans certains cas seulement, chez quelques hybrides de Berlandieri et dont il n'y a pas lieu d'exagérer la portée mais qu'il est bon d'étudier. Disons pour ceux qui tenteraient d'exagérer cette tendance (qui n'est pas tout à fait prouvée même à titre d'exception) que nous n'hésitons pas à planter chez nous quelques terres de nos vignes avec des Berlandieri $\times$ riparia 157 $\times$ 11 et 420 B et même 420 A (ce dernier est à surveiller d'un peu plus près) ou 41 B car ces porte-greffes auraient-ils quelques défauts, ont des qualités telles au point de vue régularité de production (et même qualitatif semble-t-il et égalisation de maturité) qu'ils sont bien intéressants.

CHAMP D'EXPÉRIENCES DE VEVEY

PRODUCTEURS DIRECTS

Observations relatives à la résistance aux maladies cryptogamiques*.

Classement par ordre décroissant

	1910	1911	Moyenne de ces deux années	
Couderc 267-27 noir............	5	5	5	Nous prions les lecteurs de ne pas adopter tel ou tel producteur de ce tableau sans s'en référer aux notes précédemment obtenues par les dits producteurs pendant les années 1904 à 1908 lesquels ont été publiées dans notre volume II. Les résultats de deux ans ne suffisent pas pour juger un cépage, ils ne peuvent qu'apporter un renseignement complétant ceux précédemment obtenus. Rappelons toutefois que le mildew a été des plus virulent en 1910.
» 5407 »	5	5	5	
» 3905 »	5	5	5	
Jardin Couderc 503 noir........	5	5	5	
Couderc 272-60 blanc............	5	4	4.5	
» 87-32 noir............	5	4	4.5	
» 96-32 »	5	4	4.5	
» 71-61 »	4	5	4.5	
» 17-3 »	4	5	4.5	
» 7502 »	5	4	4.5	
» 117-4 »	4	4	4	
» 4306 noir............	4	4	4	
» 6301............	5	3	4	
» 136-4............	4	4	4	
» 7-104............	3	4	3.5	
» 126-21............	4	3	3.5	
» 126-8............	3	3	3	
» 109-4............	3	3	3	
» Plant des Carmes......	2	4	3	
» 84-10............	3	3	3	
» 247-125 blanc.........	3	3	3	
» 74-17 »	4	2	3	
» 82-32 »	3	3	3	
» 252-14 »	3	2	2.5	
» 89-23 noir............	2	3	2.5	
» 7106 »	2	3	2.5	
» 302-60 »	3	2	2.5	
» 28-112 »	1	3	2	
» 82-12 »	2	2	2	
» 198-89 »	2	1	1.5	
» 7301 »	1	2	1.5	
» 198-21 »	0	3	1.5	
» 199-88 »	0	0	0	

* Les notes de ce tableau et celles du tableau ci-dessous ont été établies comme suit : 5 = indemne ; 4 = très peu attaqué ; 3 = peu attaqué ; 2 = assez attaqué ; 1 = très attaqué ; 0 = encore plus fortement attaqué par le mildiou.

CHAMP D'EXPÉRIENCES DE VEYRIER

PRODUCTEURS DIRECTS

Résistance aux maladies cryptogamiques en 1910 et notes sur la manière dont ces cépages se sont comportés pendant la sécheresse de l'année 1911. Il n'a été regrettablement en 1911 pas donné de notes concernant la résistance aux maladies dans ce champ d'expérience.

	Résistance aux maladies cryptogamiques en 1910	Résistance sécheresse 1911
Seibel N° 1.............	5	Un peu souffert, mais il porte beaucoup de raisins.
Duchesse sur 101 × 14.....	5	A très peu souffert; peu de raisins.
Jurie. 580 × 101 × 14.....	5	A souffert légèrement; belle récolte.
Auxerrois rupestris sur 101 × 14.............	5	Même observation, mais récolte faible.
Terras N° 20.............	5	A passablement souffert.
Chasselas rose × rupestris N° 4401.............	5	A peu souffert de la sécheresse.
Chasselas rose × rupestris N° 4402.............	5	A beaucoup souffert de la sécheresse.
Seibel 2007.............		A souffert très légèrement.
» 14.............	4	A offert une bonne résistance.
» 128 sur 101 × 14....	4	A moins bien résisté.
» 2006.............	4	N'a pas souffert; peu de raisins.
» 182.............	3	A légèrement souffert.
» 156.............	3	Même observation.
» 128.............	3	A souffert un peu plus.
» 181.............	3	A souffert davantage que les précédents.
» 117.............	3	A passablement souffert.
» 127.............	2	A beaucoup souffert.
» 209.............	2	Même observation.
» non encore déterminé livré par Taponnier sur 101 × 14.............	2 2	» »

Nous prions les lecteurs de ne pas adopter tel ou tel producteur de ce tableau sans s'en référer aux notes précédemment obtenues par les dits producteurs pendant les années 1903 à 1908 lesquelles ont été publiées dans notre volume II. Les résultats d'un an ne suffisant pas pour juger un cépage; ils ne peuvent qu'apporter un renseignement complétant ceux précédemment obtenus. Rappelons toutefois que le mildiou a été des plus virulent en 1910.

Remarques sur quelques porte-greffes
pendant l'année 1911.

Le 20 octobre, *en Paluds*, terre forte, les fendants sur 420 A, 420 B et 107-11 sont très beaux au point de vue du poids. De même sur 1616, ces derniers sont très dorés.

En général, les souches surchargées ont des raisins un peu plus verts que les autres.

La tenue des 107-11 est régulière, sans exagération.

Le 8 août 1911, les cabernet-rupestris de l'*Arpent dur*, terre forte, sont en partie vérés, alors que les voisins ne le sont pas. Ils sont jolis.

Certains rupestris ✕ Berlandieri ont bonne apparence; les grains sont égaux.

Sous l'*Arpent dur*, terre forte, les 1616 sont très beaux, ce qui est curieux dans une année aussi sèche. M. Ruepp, à Gilly-Bursinel, et M. Baltzinger font la même remarque a propos de ce porte-greffe.

Le 12 août 1912, les greffes sur cabernet ✕ Berlandieri 333 ainsi que les pieds-mères de ce franco-américain continuent, dans notre champ d'expérience N° II, Veyrier, à présenter une vigueur satis faisante.

Si nous rapprochons de cette observation ce que nous avons dit, soit dans le livre II, soit dans le livre III au sujet de ce porte-greffe, cela nous fait supposer, sans vouloir être affirmatif, que c'est à tort que l'on s'est effrayé en ce qui concernerait la non-résistance possible de ce cépage au phylloxéra.

Le pied-mère 227-13-21 Rupestris × æstivalis × riparia qui est à Veyrier champ d'expérience II, ne paraît pas souffrir. Les 4 greffes de fendant sur cet hybride ont une bonne vigueur et portent de nombreux raisins. Ce porte-greffe ne semble donc pas être inquiété par le phylloxéra. Ceci dit parce que nous avons fait une réserve plus haut, M. Anken ayant trouvé quelques lésions sur des racines examinées. Il est donc probable, sans vouloir rien affirmer encore, que la résistance pratique est suffisante pour le moment, même en terrains phylloxérants.

ADDITIONS

Page 11 nous disons en note (note 1). L'humidité, l'argile, l'humus jouent un rôle. On a souvent aussi affaire à des calcaires magnésiens (carbonate de chaux et de magnésie) beaucoup moins chlorosants que le calcaire pur. Dans cette note nous parlons (en ce qui concerne les calcaires magnésiens) au point de vue général et non au point de vue seulement de notre région, nous maintenons donc cette note telle quelle.

S'il s'agissait de notre région (Vaud, Genève, Zone de la H^te-Savoie et de l'Ain) avant de dire *souvent* nous attendrions d'avoir effectué d'assez nombreuses analyses avant de nous prononcer (voir ce que nous disons à ce sujet dans notre volume II, Errata, modifications, additions page IX. Texte page 4 note 2 (vol. II), page 6 note 1 (vol. II), page 8 note 2 (vol. II) (voir spécialement cette dernière note sous page 10 et 11 ainsi que les graphiques situés entre pages 10 et 11).

Dans notre livre II nous indiquions qu'en ce qui concerne l'appareil Houdaille M. le professeur Lagatu nous avait exposé qu'en cas de réactions lentes lorsque les fractions de la courbe totale (indiquant le volume de CO_2 dégagé pendant une oscillation du pendule) forment de petits crochets fins il est fort *probable* que l'on a affaire à un calcaire dolomitique. Du moins pour les deux régions dont proviennent les échantillons analysés à Montpellier.

Etant donné que très fréquemment en ce qui concerne les graphiques d'analyses des cantons de Vaud et Genève et de l'arrondissement de Thonon, partie de St-Julien, de Gex, régions ayant subi l'action du glacier du Rhône, très fréquemment disons-nous en ce qui concerne ces régions, les fractions de la courbe sont composées de crochets fins nous concluions, non sans avoir préalablement consulté une personne compétente de nos pays qu'il était très probable qu'il y avait beaucoup de terre où le calcaire était dolomitique chez nous mais non sans ajouter que des analyses en grand nombre seules le prouveraient.

Nous avons eu recours à l'obligeance de M. le professeur Dusserre, directeur de la station fédérale de chimie de Mont-Calme à Lausanne qui a bien voulu nous analyser huit échantillons de terre qui avaient donné lieu dans leurs réactions à l'appareil Houdaille à des fractions de courbes à crochets fins.

Les résultats de ces huit analyses ont été les suivants :

	Teneur en	
TERRE DE VIGNE	CARBONATE DE CHAUX	CARBONATE DE MAGNÉSIE
I	forte	forte
II	forte	trace
III	faible	faibles traces
IV	traces	traces
V	»	»
VI	»	faibles traces
VII	forte	»
4393	»	faibles

Lausanne, le 5 décembre 1911.   *Le Chef de l'établissement :*
C. DUSSERRE.

Il ne s'agit que de huit analyses, c'est trop peu pour dire : il y a souvent du calcaire dolomitique ou il n'y en a pas souvent. Mais ces analyses tendraient à prouver que : le fait que les fractions du graphique correspondant à une oscillation du pendule sont petites ne peut être dans notre région une probabilité pour qu'on ait affaire à du calcaire dolomitique dans l'échantillon en question.

Ceci n'implique pas du tout que dans les régions dont les analyses se concentrent au laboratoire de Montpellier cela ne soit au contraire pas une indication ayant une probabilité beaucoup plus forte que chez nous.

En ce qui concerne le sixième graphique situé entre les pages 10 et 12, 12 et 13 du vol. III (terre de M. Bouvier à Auvernier (Neuchâtel) contrairement à notre attente M. Dusserre n'y trouve que de faibles traces de carbonate de magnésie.

Page 12. Au bas de la dite page nous disons au sujet des échantillons de terre de M. Bouvier (dont nous donnons la courbe) « il est probable qu'on est en présence d'un calcaire en partie d'origine dolomitique. » Depuis, M. Dusserre a bien voulu nous analyser un de ces échantillons Bouvier pour y rechercher le carbonate de magnésie (cet échantillon faisant partie des six dont il est question dans cet errata quelques lignes plus haut) et il y trouve seulement de faibles traces de ce sel.

Page 74. Il est bon d'ajouter que les pieds-mères qui produisent les boutures avec lesquelles nous faisons nos greffes de 157 $\times$ 11 sont situés à Veyrier même.

Page 110. Tout en disant du bien du solonis $\times$ riparia 1616 nous disons : « nous avons cependant le sentiment que 1616 sera dépassé dans les terres non humides par d'autres porte-greffes; quoi qu'il en soit nous le considérons comme bon. » Sans vouloir rien conclure nous ajoutons qu'il est bon de remarquer qu'en 1911, dans de fortes terres de nos champs d'expériences, le 1616 greffé en chasselas s'est *fort bien* comporté. Voir quelques lignes plus haut, page XV.

Page 134 nous citons en note quelques titres d'ouvrages ayant trait aux questions de résistance phylloxérique.

Nous ajoutons ici à cette liste les ouvrages suivants :

L'acidità dei succhi delle piante in rapporto alla resistenza contro gli attachi dei parasiti, par Averna-Sacca, *Bulletin de la Stazione sper. agrar. ital.*, vol. XLIII, pages 185-202, 1910.

Dr L. Petri : Studi sul marcium delle radici nelle

viti filloserate, Roma R. *Stazione di patologia vegetale*.

Le lecteur qui s'intéresserait de plus près à ces questions pourra aussi prendre connaissance des communications faites au Congrès viticole de Montpellier des 17-21 mai 1911 (Montpellier, Coulet et fils, édit., 5, Grand'Rue) au sujet des vignes américaines, pages 101 à 188.

Page 160. Troisième paragraphe, nous disons que les adversaires des producteurs directs reconnaissent eux-mêmes que ces cépages peuvent avoir une application immédiate dans les pays à culture intercalaire (plaines et demi-coteaux de Chambéry par exemple). Nous avons depuis quelque peu parcouru à nouveau (car nous écrivons ces lignes cet été 1912), les environs de Chambéry et si nous y avons remarqué çà et là, conduits à la taille Sylvoz ou même en gobelets, des producteurs directs, ceux-ci ne s'y sont, somme toute, qu'assez peu répandus, même dans la plaine. Un de ceux qui y est le plus fréquent (mais dans une modeste mesure) est encore le vieux et foxé Noah (pourquoi? parce qu'il donne du jus ce qui n'est pas le cas de beaucoup d'autres producteurs).

Les avis, dans cette région, sont partagés mais beaucoup, répétons-le, trouvent que la plupart des producteurs, quoique souvent résistants aux maladies, rendent très mal en jus (pulpe trop mucilagineuse). Il y a donc lieu d'être prudent sans exagération.

Page 168. Nous ajoutons que les producteurs décrits dans les pages 169 à 206 sont placés dans le texte autant que possible suivant les notes (par ordre décroissant) qu'ils ont obtenus dans leurs champs d'expérience jusqu'en l'année 1909 à Nant et à Vevey. (Voir volume II.) Ainsi en ce qui concerne les numéros essayés à Veyrier c'est le Seibel n° 1 qui a obtenu la meilleure note générale (en combinant la note production, maturité et résistance au mildew). Disons toutefois ici que, dans ce texte, il y en a quelques-uns qui ont été moins souvent pesés et observés que d'autres; avant d'essayer tel ou tel numéro le lecteur fera donc bien de consulter encore les tableaux du volume II en ce qui concerne, du moins, les producteurs essayés à Veyrier et à Nant sur Vevey.

Pages 196 et 197. Au sujet du 71 ✕ 61 Couderc faisons observer que le 71 — 06 qui d'après Ravaz lui est analogue comme fruit n'a pas été essayé à Nant. Seul le 71 ✕ 61 y a été essayé; les 13 dernières lignes (sauf la phrase : M. Couderc classe le 71 — 06 (riparia Lincecumii ✕ vinifera voisin du 71 — 61) dans ceux de 1ʳᵉ époque, les 13 dernières lignes disons-nous concernent le 71 ✕ 61 et non le 71 — 06.

Pages 206 à 216 nous citons des producteurs directs qui n'ont été essayés ni à Nant sur Vevey, ni à Veyrier-Genève, mais avec lesquels on pourrait faire des essais (sans que nous concluions pour le moment), nous ajouterons à ceux cités dans ces pages le Seybel 880 blanc et le Seybel 2003 rouge. Si nous citons ces deux numéros c'est parce que M. Baltzinger à eu l'occasion d'aller il y a quelques jours (Septembre 1912) en Alsace et y a remarqué (pour la première fois du reste) ces deux numéros faisant bonne contenance. (50 pieds de chaque, aux environs de Colmar). Le Seybel n° 880, d'après les renseignements à lui donnés sur place, murirait à peu près en même temps que le chasselas et a résisté, en ce qui concerne du moins 1912, au mildew.

Le 2003 Seybel rouge était franc de maladies lorsqu'il l'a vu et très fructifère.

A la dégustation, les grains lui ont paru fades mais francs de goût.

ERRATA

Page 13, sixième ligne depuis le bas, lire 11 F au lieu de II F.

Pages 18 et 19 (pages où il est question des rupestris). Dernière ligne de la page 18 et deux premières de la page 19 au lieu de *mais à condition que ces terrains soient profonds* et qu'ils aient un *sous-sol frais ;* les gros cailloux, les rocs (à condition qu'il s'agisse de rocs fissurés) agissant, dans les contrées méridionales pour empêcher l'humidité de s'évaporer lire *mais à condition que ces terrains soient profonds,* qu'ils aient un *sous-sol frais,* que *leurs rochers soient fissurés ;* les rocs, les gros cailloux agissent dans les contrées méridionales pour empêcher l'humidité de s'évaporer.

Page 32, note 1. Au lieu de « Le sinus pétiolaire franchement ouvert, en accolade formant à l'œil presque une ligne droite permettant à lui seul de

le distinguer des autres rupestris, il est à retenir. »
P. Gervais, op. cit., page 22, lire « Ce sinus, fran-
chement ouvert, formant à l'œil presque une ligne
droite, permettrait à lui seul de reconnaître le
Rupestris du Lot et de le distinguer des autres
Rupestris. Il est à retenir. »

Page 41, dernière ligne lire aoûtés et non avutés.

Page 43, deuxième ligne depuis en bas, lire sa
reprise et non se reprise.

Page 44, septième ligne, lire riparia ✕ (cordifolia ✕ rupestris de Grasset) 106^8 au lieu de Cordifolia ✕ rupestris 106^8.

Page 58, deuxième ligne, lire de calcaire et **non**
du calcaire.

Page 67, bas de la page à droite, lire Ganzin et
non Granzin.

Page 68, huitième ligne à gauche, lire Ganzin et
non Granzin.

Page 86, douzième et treizième lignes, lire **les**
rupestris ✕ Berlandieri connus en pratique sont
peut-être inférieurs aux Berlandieri ✕ riparia, **au**
lieu de..... sont inférieurs.....

Page 120, deuxième ligne depuis en bas, lire
monticola et non Monticola, septième ligne depuis
en bas, lire monticola et non Monticola, quatrième
ligne de la note bas de la page 120, lire V. monticola
et non V. Monticola.

Page 111, treizième ligne depuis le haut (sous-titre), lire Aramon ╳ rupestris Ganzin n° 1 et non Gauzin.

Page 143, treizième ligne depuis en haut lire : où le calcaire est chlorosant au lieu de : où le calcaire et chlorosant.

Page 161, note 1, deuxième ligne de la note lire : qui sont dues et non qui sont dus (il s'agit de thylles).

BIBLIOGRAPHIE

Auteurs et Viticulteurs consultés ou cités

Anken, I, ingénieur-agronome, Anières, canton de Genève. Rapports sur des terrains, examens phylloxériques.

Baltzinger, Gustave, ancien élève de l'Ecole de Viticulture de Colmar (Alsace), directeur de la pépinière de Veyrier. Lettres, rapports, observations, renseignements.

Bieler-Chatelan, Th. Procès-verbal de la Société Vaudoise des Sciences Naturelles, 5 juillet 1911, Rouge éditeur, Lausanne.

Bouisset, Ferdinand, viticulteur à Montagnac (Hérault). Lettres personnelles, renseignements, catalogues.

de Candolle, Lucien, ancien directeur de la pépinière d'Etat de Ruth, près Genève, propriétaire-viticulteur à Evorde par Troinex, près Genève. Lettres personnelles.

Caussel, L., maire de Clapiers (Hérault). Lettres personnelles, observations, renseignements.

Chappaz, Georges, professeur d'agriculture départemental. Lettres personnelles et divers articles sur porte-greffes, in « Progrès agricole et viticole », dirigé par M. Degrully, prof. à l'Ecole nationale d'Agriculture de Montpellier, rue Albisson, 1, Montpellier.

Charmeux, Frs. L'art de conserver les raisins de table. Paris, librairie horticole, 84 bis, rue de Grenelle.

Charmont père et Charmont fils, ing. agr. E. N. A. M., propriétaires-viticulteurs et pépiniéristes à St-Clément-les-Mâcons (Saône-et-Loire). Nombreux renseignements.

Chronique agricole du canton de Vaud, organe officiel de la station agronomique et viticole du Champ de l'Air, Lausanne, transformé en **La terre vaudoise,** Champ de l'Air, Lausanne.

Couderc, Georges, propriétaire, viticulteur-hybrideur, Aubenas (Ardèche). Lettres personnelles et divers.

Delage, prof. de géologie à la Faculté des Sciences de Montpellier. Rapport sur les deux terrains de champ d'expériences. Voir **Lagatu et Delage.**

Desmoulins, A., prof. d'Agriculture de l'arrondissement de Valence-sur-Rhône (Drôme). Lettres personnelles. — **A. Desmoulins et Villars,** propriétaire-viticulteur à St-Vallier (Drôme. Divers articles sur des champs d'expériences de producteurs directs, dans le journal « Le Progrès agricole », 1, rue d'Abisson, Montpellier. Entre autres articles : **Nouvelles observations sur les hybrides producteurs directs dans les Côtes du**

Rhône, 10me année d'observations, publié en 1910, pages 412, 437 et 474, et fin année 1910 et commencement 1911.

† **Dufour, Jean,** ancien directeur de la Station viticole du Champ de l'Air, Lausanne (Suisse), D^r ès-sciences. Lettres personnelles et articles divers, in «Chronique agricole du canton de Vaud», édité par la Station du Champ de l'Air.

Dusserre, C., directeur de l'Etablissement fédéral de chimie agricole de Mont-Calme, à Lausanne. Analyses et rapports.

Engler, Arnold. Berichte der Schweiz. bot. Gesellschaft XI, 1901.

Fabre, Paul, chef de culture, Clapiers (Hérault). Nombreux renseignements.

Faës, H., D^r ès-sciences, directeur de la Station viticole du Champ de l'Air, à Lausanne (Vaud)· Nombreux renseignements, lettres personnelles, divers articles, in **La terre vaudoise,** organe officiel du Champ de l'Air. **Brochure sur les Vignes américaines,** parue en 1910. — **Faës et Peneveyre, Guide pratique ponr la reconstitvtion du vignoble vaudois** (Duvoisin, éditeur, Lausanne, 1906.

Foëx, Gustave, ancien directeur de l'Ecole nationale d'agriculture de Montpellier, inspecteur général de la viticulture. Nombreux renseignements, lettres personnelles : **Cours complet de Viticulture,** 1895, C. Coulet & fils, éditeurs, Grand'Rue, Montpellier, Masson, libraire-éditeur, 120, Boulv. St-Germain, Paris ; **Manuel pratique de Viticulture pour la reconstitution des vignobles méridionaux,** 1891, C. Coulet, edit., Montpelier.

Gagnaire, J., présid. de la Société d'agriculture de Thonon (Haute-Savoie), ing. agric. E. N. A. M. Lettres personnelles, nombreux renseignements, observations faites dans nos champs d'expériences.

Gervais, Prosper, propriétaire-viticulteur à Lattes, près Montpellier, présid. de la Section de Viticulture de la Société des Agriculteurs de France, vice-présid. de la Société des Viticulteurs de France. **Etudes pratiques sur la reconstitution du vignoble,** 1900, Coulet & fils, Grand'Rue, Montpellier. Lettres personnelles.

Grec, J., publiciste, directeur de la «Petite Revue», organe horticole et viticole, prof. de l'Ecole d'Agriculture d'Antibes (Alpes-Maritimes). Divers articles et nombreux renseignements.

Guilhermet, prof. d'Agriculture, maire de St-Julien-en-Genevois (Haute-Savoie). Nombreux renseignements.

Guillon J.-M., directeur de la Station viticole de Cognac, inspecteur général d'agriculture attaché au Ministère de l'Agriculture, propriétaire-viticulteur. Divers articles, in «Revue de Viticulture, diririgée par P. Viala, D^r ès-sciences, 35, Boulevard St-Michel, Paris. Lettres personnelles.

† **Guyot, J.,** D^r. Etudes des vignobles en France (G. Masson, éditeur, Paris, 1876).

† **Hénon,** doct.-méd., ancien directeur de la pépinière d'Etat de Ruth (Genève), propriétaire-viticulteur à Annemasse (Haute-Savoie). Renseignements personnels.

Houdaille, autrefois prof. de physique à l'Ecole de Montpellier, et **Houdaille et L. Semichon,** autrefois répétiteur à l'Ecole de physique de Montpellier, actuellement directeur de la Station œnologique de Narbonne (Aude). **Articles sur la chlorose, l'assimilabilité, la vitesse d'attaque du calcaire et sur les calcimètres;** in « Revue de Viticulture », 1894 et 1895. — **Houdaille et Mazade, M. Le Rupestris du Lot en terrains calcaires,** pages 129, 161, Année 1895, tome I.

Lagatu, prof. de chimie agricole à l'Ecole de Montpellier et **L. Sicard,** chimiste-chef à la même Ecole. Etudes analytiques d'échantillons de terre.

Lugeon, M., prof. de géologie à l'Université de Lausanne. Lettres personnelles.

Mazade, M., autrefois répétiteur de physique à l'Ecole d'agriculture de Montpellier, viticulteur à Epernay. Voir **Houdaille et Mazade.**

† **Micheli, Marc,** propriétaire-viticulteur à Jussy, près Genève, autrefois directeur de la pépinière d'Etat de Ruth, près Genève. Rapports sur les porte-greffes essayés à Ruth, près Genève, in « Revue de Viticulture », 35, boulevard Saint-Michel, Paris. Année 1898.

Millardet, prof. à la Faculté des Sciences de Bordeaux. Articles divers, lettres personnelles, article 1902, cité dans le catalogue Bouisset.

Müller-Thurgau, Dr ès-sciences, directeur de l'Institut fédéral viticole de Wädenswyl. Tableau de rendement des greffages sur divers porte-greffes essayés à Wädenswyl, exposé à Lausanne en septembre 1910. Lettre personnelle.

Paschoud, Albert, propriétaire-viticulteur-pépinièriste à Corsy-sur-Lutry (Vaud). Renseignements nombreux.

Peneveyre, chef des cultures de la Station viticole de Lausanne. Voir **Faës et Peneveyre.**

Le **Progrès agricole et viticole,** dirigé par L. Degrulli, prof. d'agriculture à l'Ecole de Montpellier, rue Abisson, 1. Divers articles.

Ravaz, L., prof. de Viticulture à l'Ecole de Montpellier, ancien directeur de la Station viticole de Cognac. Porte-greffes et producteurs directs. 1902, Montpellier. Coulet & Cie, éditeurs, Grand'Rue, 5; Masson & Cie, Paris, boulev. St-Germain, 120.

La Revue de Viticulture, dirigée par P. Viala. Dr ès-sciences, inspecteur général de la Viticulture, Paris, 35, bd St-Michel. Nombreux articles.

La Revue des hybrides, dirigée par P. Gouy, à Vals-les-Bains (Ardèche), transformée en **La Revue du Vignoble,** dirigée par A. Perbos, à St-Etienne-de-Fougère par Monclar (Lot-et-Garonne).

Richter, F., pépinièriste-viticulteur et propriétaire-viticulteur à Montpellier (Hérault). Nombreux renseignements, articles.

Roy-Chevrier, propriétaire-viticulteur en Saône-et-Loire. Articles divers, articles sur les producteurs directs en Bourgogne, in « Revue de Viticulture », fin 1910 et commencement 1911.

Salomon, père et fils, viticulteurs à Thomery (Seine-et-Marne). Renseignements sur les raisins de table.

Schellenberg, H., chef de culture des Collections viticoles à l'Ecole de Viticulture de Wädenswyl. Renseignements personnels.

Semichon, L., directeur de la Station œnologique de Narbonne (Aude), autrefois répétiteur de physique à l'Ecole d'Agriculture de Montpellier. Voir **Houdaille.**

Seybel, propriétaire-viticulteur-hybrideur, à Aubenas (Ardéche). Lettres personnelles.

Sicard, L., chimiste-chef à l'Ecole d'agriculture de Montpellier. Voir **Lagatu.**

Souvayran, propriétaire à Creuse, près Annemasse. Nombreux renseignements.

La **Terre Vaudoise,** organe hebdomadaire du Champ de l'Air, Station agricole et viticole, Lausanne (Vaud).

Vermorel, industriel, propriétaire-viticulteur, à Villefranche (Rhône). Voir **Viala et Vermorel.**

Viala, P., Dr ès-sciences, Inspecteur général de la Viticulture. Lettres personnelles.

Viala et Vermorel. Ampélographie. Masson et Cie, éditeurs, Paris 1909.

Villard, propriétaire-viticulteur à St-Vallier (Drôme). Voir **Desmoulins et Villard.**

OBSERVATIONS

Dans les descriptions que nous donnons des divers cépages, faisant l'objet de nos expériences, nous avons parfois rapporté la forme des feuilles

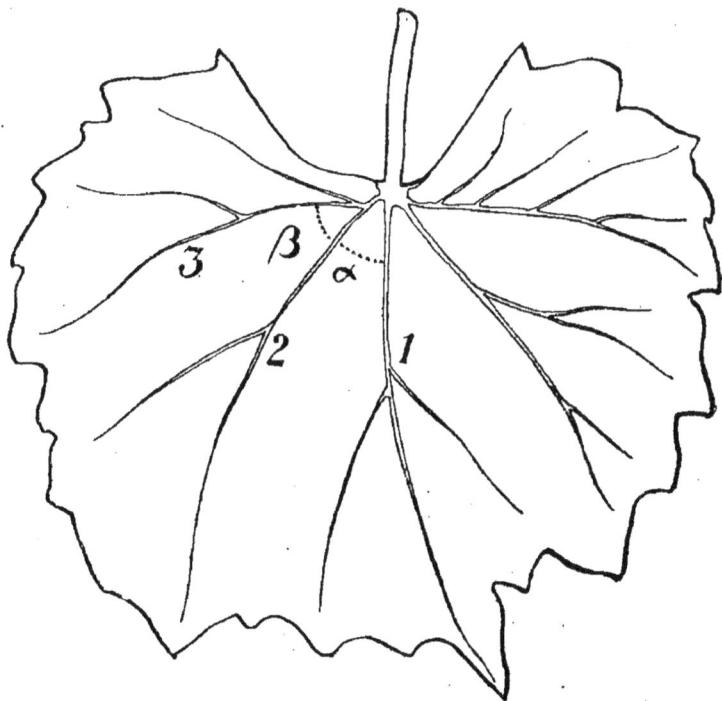

FIG. 1. — Feuille réniforme

adultes à quelques types généraux, dont nous donnons ci-après les dessins avec explications, que nous empruntons à l'ouvrage classique de M. Ravaz sur les vignes américaines.[1]

Si nous considérons une *feuille réniforme* (Fig. 1) (le type de la feuille du V. rupestris) nous voyons que les nervures latérales 2 et 3 sont très longues par rapport à la nervure médiane 1. Les angles α et β que ces nervures font entre elles sont en outre très aigüs.

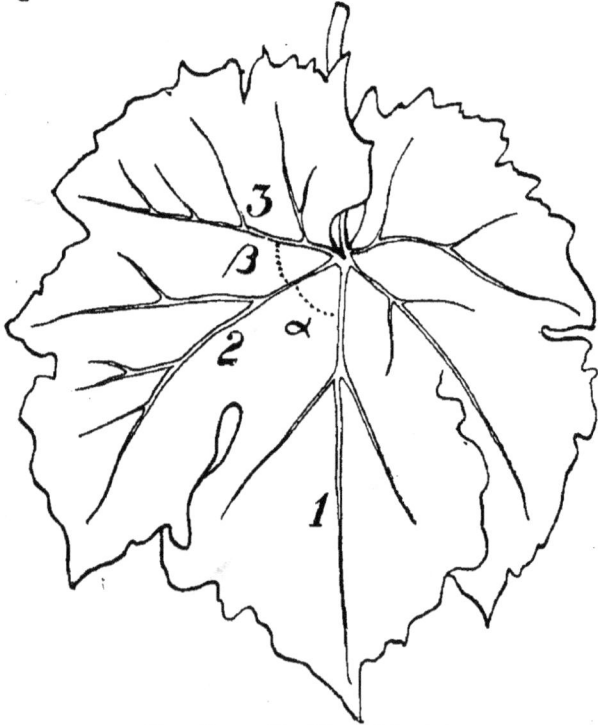

Fig. 2. — Feuille orbiculaire.

Si nous laissons aux nervures latérales leur longueur première, tout en augmentant l'ampleur des angles α et β nous voyons la feuille s'arrondir

[1] L. RAVAZ,. *Les Vignes américaines. Porte-Greffes et Producteurs directs*, Coulet et Fils, Montpellier 1902, Masson, lib. édit., Bd St-Germain 120, Paris, pages 13 et 14.

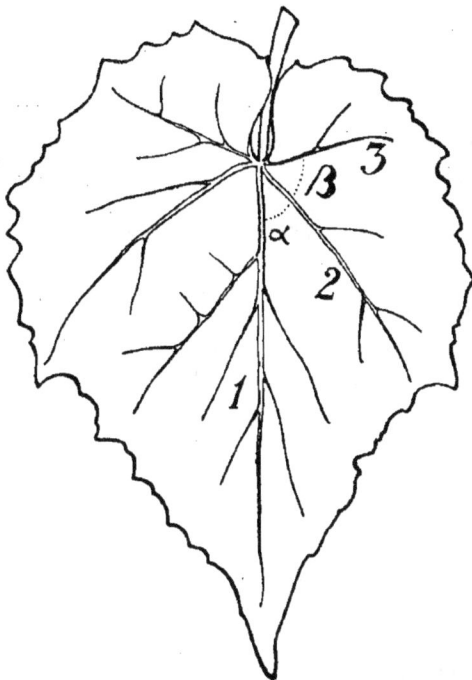

FIG. 3. — Feuille cordée.

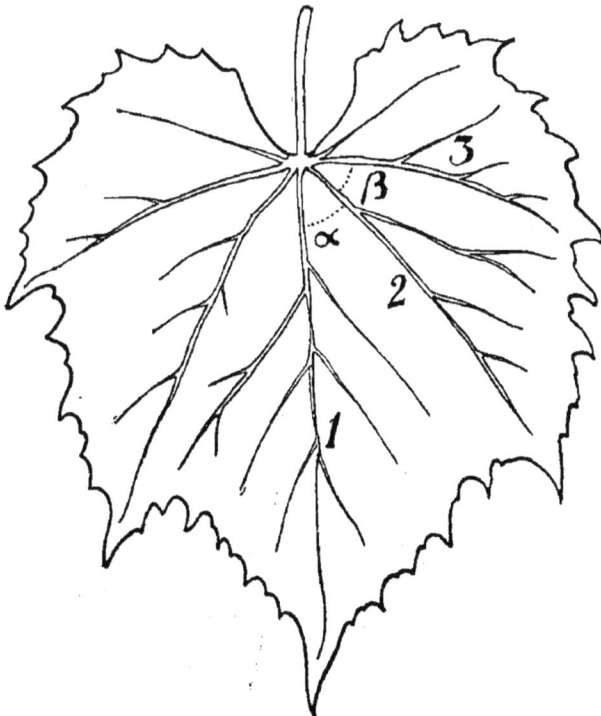

FIG. 4. Feuille cunéiforme.

— 4 —

et devenir *orbiculaire*. Ce type de feuille est très fréquent chez les vignes européennes.

La Fig. 2 est l'esquisse de la feuille d'un *Rupestris-Lincecumii-Vinifera*, le Seibel Nº 209.

Si nous raccourcissons la nervure latérale 2 seulement, la feuille devient *cordiforme* ou *cordée*. La Fig, 3 donne la forme du Cordifolia Nº 1 (Meissner).

Si la diminution porte sur les deux nervures lalérales proportionnellement à leur longueur, la feuille devient *cunéiforme* (Fig. 4), c'est la feuille type du *Vitis riparia*.

Enfin, si cette diminution n'affecte que la nervure latérale postérieure 3, la feuille est alors *tronquée*. (Fig 5.) Chez le *Vitis œstivalis*, la feuille est tronquée.

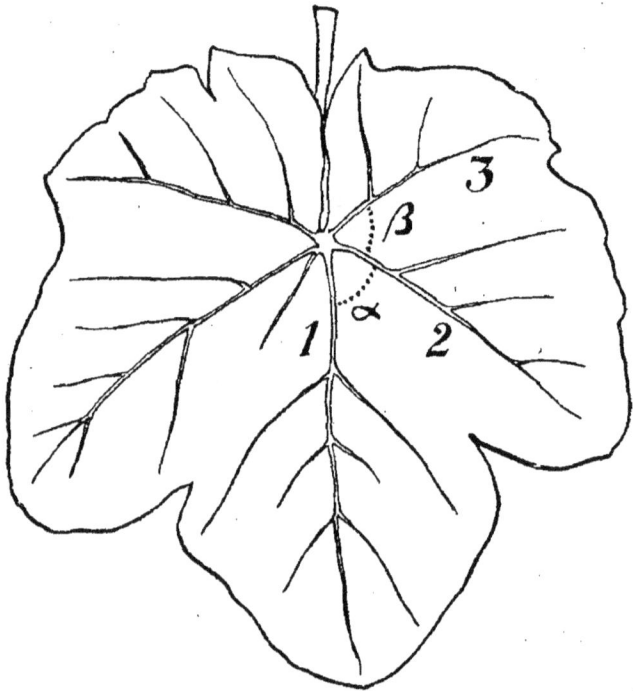

Fig. 5. — Feuille tronquée.

Ces cinq types caractérisent des espèces ou des groupes spécifiques. Ils sont réunis par de nombreux intermédiaires qu'il est le plus souvent impossible d'exprimer par le langage ordinaire. Dans nos descriptions nous nous sommes contenté d'indiquer la forme type dont la feuille adulte nous a semblé se rapprocher le plus.

M. Ravaz, par contre, arrive à noter avec précision la forme des feuilles de chaque cépage en indiquant pour les feuilles des rangs 9 à 12 comptés à partir de la base (ce sont seulement celles-ci qui sont toujours semblables à elles-mêmes), la valeur des angles α et β et les rapports des nervures primaires 1, 2 et 3.

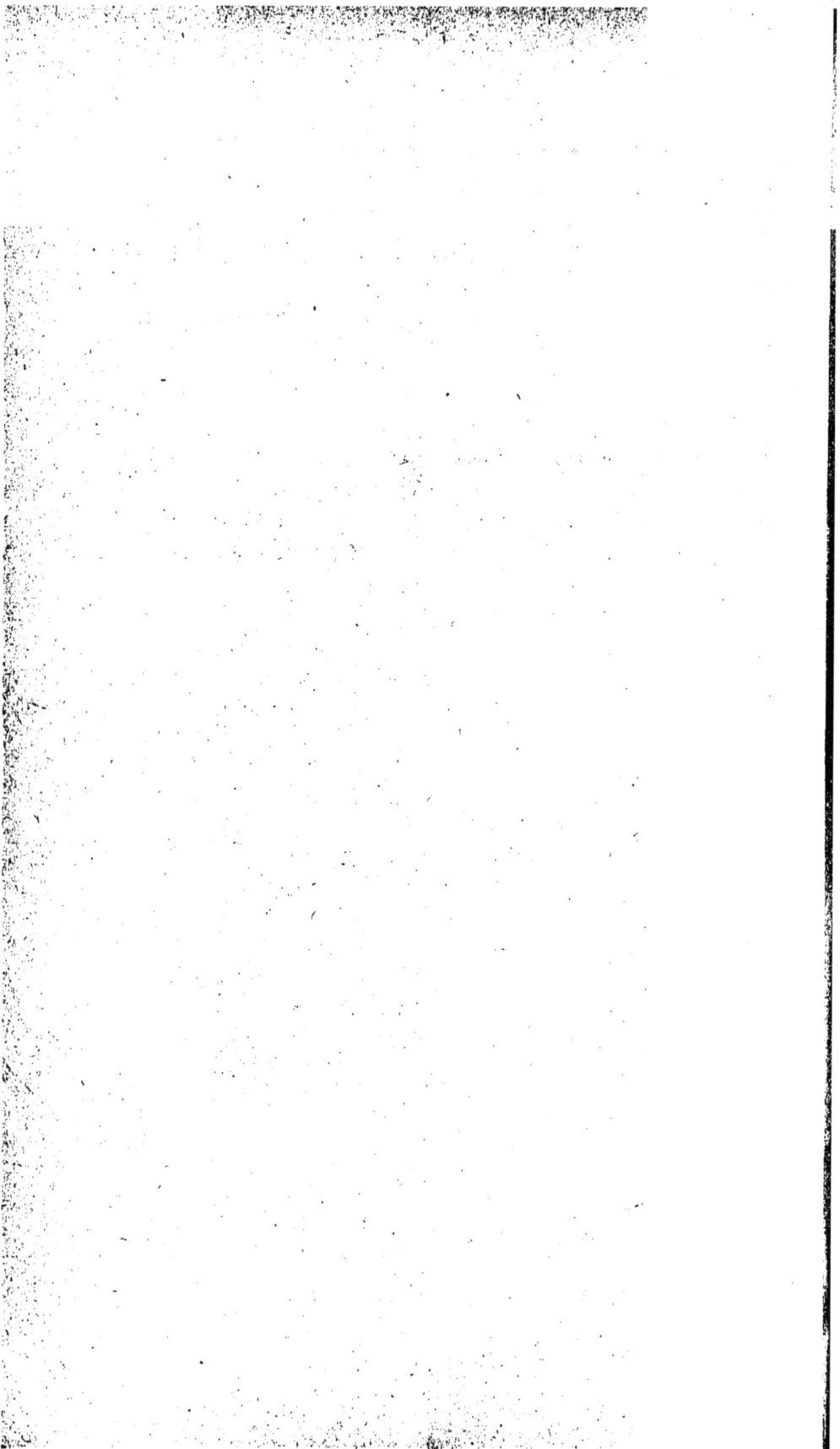

LES DIFFÉRENTS PORTE-GREFFES

ET LES

TERRAINS QUI LEUR CONVIENNENT

I. AMÉRICAINS PURS

---

1. Les Riparia

Le *riparia Gloire* et le *riparia Grand Glabre* sont
ceux qui nous ont donné le plus de satisfaction,
parmi ceux essayés dans nos champs d'expériences
ou employés dans les nombreuses vignes que nous
avons reconstituées depuis 1900.

Le *riparia Gloire* à souche vigoureuse portant
des sarments longs, étalés, à mérithalles allongés,
colorés de rouge tendre à l'état herbacé, luisants et
pruinés à l'aoûtement ; ses feuilles sont grandes,
épaisses, cunéiformes, allongées, un peu gaufrées [1]
entre les nervures principales, bordées de dents
bi-sériées, étroites et longues, la dent terminale

---

[1] Cette gaufrure est même un des bons caractères pratiques pour
reconnaître qu'on n'a pas affaire à d'autres riparia que le gloire.

des lobes est très allongée ; à face supérieure glabre
d'un vert foncé et assez luisante, d'un vert plus
clair et à nervures pubescentes à la face inférieure;
le sinus pétiolaire est en V assez ouvert. (D'après
Gervais).

Ajoutons qu'une fois aoûtés, les sarments du
riparia Gloire *ont une écorce qui se détache très facile-*
ment en longues lanières.

En 1899 nous écrivions[1] :

« Dans les terrains ne contenant pas plus de 20%
de calcaire fin, frais, légers et fertiles, la reconstitution est assurée par le riparia ; ce plant doit
être préféré à beaucoup d'autres, car il est un des
plants américains qui poussent le plus leur greffon
à fructifier.

Les *riparia* ont été importés directement d'Amérique, où, produits d'une longue sélection naturelle
vis-à-vis du phylloxéra, ils résistent depuis des
siècles à celui-ci. Ils sont répandus dans la pratique
en France, depuis 20 à 25 ans et ont donné des
résultats incontestables. Les *riparia* ont des racines
grêles et traçantes (c'est-à-dire perpendiculaires au
fil à plomb et ne s'enfonçant pas profondément
dans le sol), qui ne peuvent par conséquent puiser
l'humidité à de grandes profondeurs. C'est pour cette
raison que ce plant convient aux terrains frais, pas
trop compacts et fertiles ».

Ce que nous disions alors, nous le répétons
aujourd'hui pour le *riparia Gloire*, car il n'a pas
démérité.

Les résultats de nos champs d'expériences consi-

[1] Voir notre « Réunion de diverses brochures » éditée par la
Pépinière de Veyrier, 1904, page 7.

gnés et commentés dans un ouvrage précédent[1], ainsi que les renseignements que nous avons pu recueillir depuis soit dans la littérature, soit ailleurs directement, corroborent non seulement cette affirmation, mais nous permettent d'accorder encore à ce porte-greffe tant décrié, selon nous bien injustement, une résistance intrinsèque à la sécheresse plus élevée qu'on ne croyait.

D'autre part, et toujours sans exagérer, nous estimons qu'il supporterait une compacité de terre plus grande également. Il semble que ce porte-greffe est celui, par excellence, d'une région tempérée comme la nôtre ; nous nous rappelons qu'il y a une quinzaine d'années, il donnait de bons résultats dans les essais de la pépinière de Ruth (pépinière d'Etat du canton de Genève).

Le fait que des hybrides à sang prédominant de *riparia* (101-14, 11 F, 157-11), ont donné de bons résultats chez nous, indique que les critiques faites à ce porte-greffe soit à l'étranger, soit chez nous par contre-coup, ne reposaient pas sur des faits ou des expériences.

Si parfois il a donné lieu à des échecs, c'est que, avant d'être au courant de la résistance des divers cépages américains à la chlorose, à la sécheresse ou à l'humidité, on l'a utilisé trop souvent pour des terres trop calcaires, très sèches ou sujettes à des excès d'humidité. En 1902, les $3/4$ des vignobles français étaient reconstitués sur *riparia*[2], et souvent encore sur des formes de riparia moins bien sélectionnées que les *riparia Gloire* et *Grand Glabre*,

---

[1] Tome II de notre Contribution à l'étude de la reconstitution.
[2] Voir L. Ravaz *Les Vignes Américaines*, etc. Coulet et fils, édit. Montpellier, 1902.

sans qu'il eût été tenu compte des lois de l'adaptation, qui du reste n'étaient pas connues; aussi ne faut-il point s'étonner des insuccès constatés, que plusieurs ont eu le tort de généraliser.

Dans le canton de Genève, dans la Haute-Savoie (Arrondissement de Thonon et de St-Julien), dans l'Ain (Pays de Gex), où l'on a planté de grandes quantités de riparia, actuellement d'un certain âge déjà, on ne se plaint pas de ce porte-greffe, bien au contraire.

Nous pouvons citer entre autres les vignes de M. Bonnet, à Satigny, près Genève, où la terre compacte[1], très semblable à beaucoup de sols du canton de Vaud, serait plutôt indiquée pour un riparia $\times$ rupestris et dans laquelle de grandes plantations de *Gloire* assez âgées, greffées en *fendant vert* sont de toute beauté.

Citons également les vignes de M. Fouet à Vétraz-Monthoux, près Annemasse (Hte-Savoie), composées de 3 hectares de *fendant vert* sur *Gloire*, cette fois en terre meuble et profonde (vignes de coteaux).

Si, dans le temps, M. Guillon a fixé la limite d'adaptation du *riparia Gloire* à 15 % pour les Charentes, c'est que dans ces régions le calcaire est des plus assimilables. M. Ravaz l'a même fixée pour ce pays-là à 10-12 % pour les différentes formes de *riparia*, tout en disant que dans d'autres endroits ces plants pouvaient exceptionnellement supporter 40-45 % de calcaire.

Nous l'avons vu, le calcaire n'agit pas toujours de même, cela dépend de la forme sous laquelle il

[1] Etage géologique : *Aquitanien supérieur* en partie recouvert par du *glaciaire* (voir carte géologique de la Suisse fll XVI.)

est contenu dans le sol, et de plusieurs autres facteurs. [1]

Quoique nous ayons parfois constaté des chloroses passagères du *riparia* entre 20 et 25 °/o, nous estimons que ce plant peut supporter souvent davantage.

Reproduisons ici deux lettres qu'ont bien voulu nous adresser MM. Bouvier frères, propriétaires de la fabrique de champagne de Neuchâtel, la première datée du 3 février, la deuxième du 5 février 1904.

Première lettre : « En réponse à votre lettre, « nous nous empressons de vous dire que nos « vignes reconstituées en *Pinots noirs et gris* sur « *Riparia Gloire*, datant de 1895, 1896 et 1897 « nous donnent pleine et entière satisfaction. Nous « ne nous souvenons plus exactement de la teneur « en calcaire de ces terrains qui sont des terres « d'alluvions et peu calcaires, mais nous avons « chargé notre chef de culture de refaire les ana- « lyses du terrain et nous vous les communiquerons « dès que nous les aurons. De toute façon nous « pouvons, d'après notre expérience déjà longue, « recommander le *Riparia Gloire*, comme un excel- « lent porte-greffe, s'adaptant admirablement aux « terres peu calcaires et donnant au bout de 3-4 « ans des vignes superbes. Nous n'y avons jusqu'ici « observé aucune trace de chlorose. Dans nos « coteaux calcaires nous continuons à planter de « préférence les *Aramon* × *rupestris* avec plein « succès. Là non plus aucun soupçon de chlorose. »

Deuxième lettre : « Nous vous confirmons nos « lignes du 3 courant et vous informons que les

---

[1] L'humidité, l'argile, l'humus jouent un rôle. On a souvent aussi affaire à des calcaires magnésiens (carbonate double de chaux et de magnésie) beaucoup moins chlorosants que le calcaire pur.

« analyses du terrain de nos vignes plantées en
« *Riparia Gloire* donnent comme résultats 43⁰/₀
« l'un et 43,2⁰/₀ pour l'autre échantillon. Ces échan-
« tillons ont été, il est vrai, prélevés à fleur de terre
« et nous croyons que le sous-sol a une teneur
« beaucoup moins forte. Dès que l'état du sol le
« permettra, nous prendrons de la terre à 30-40
« cm. de profondeur et en ferons une nouvelle
« analyse. Quoi qu'il en soit, les premières analyses
« semblent établir que le *Riparia Gloire* supporte
« une plus forte dose de calcaire que ce que l'on
« croyait jusqu'ici, car les vignes dont il s'agit sont
« plantées depuis 7-8 ans et sont en parfait état de
« vigueur et de rendement. [1]

« Agréez, etc., etc.   Signé : Bouvier Frères. »

Si donc nous avons fixé et continuons à fixer la
limite pratique de résistance au calcaire du *riparia
Gloire* à 15-20 ⁰/₀, nous avons choisi un minimum
indiqué par la prudence, plutôt qu'un maximum.

A Nant, dans les années 1903, 1904, 1905, une
partie de notre pépinière de greffés était située
dans un terrain plutôt fort, constitué par de l'argile
glaciaire, remaniée par un ruisseau et où la teneur
en calcaire atteignait 30-35 ⁰/₀; les greffes de ripa-

---

[1] M. Bouvier a bien voulu nous renvoyer des échantillons de
terre relatifs à ce parchet. Nous y avons trouvé de 42 à 57 %.
L'examen de la courbe de l'appareil Houdaille, voir notre volume II,
montre que si la courbe monte avec une moyenne lenteur, les fractions d'acide carbonique dégagée pendant une oscillation du pendule
sont faibles, nous avons donc affaire à un calcaire qui s'il est assez
assimilable jusqu'à 20-25 %. l'est fort peu pour le reste de la réaction.
En plus, d'après l'allure de la courbe dans sa partie supérieure, il est
probable qu'on est en présence d'un calcaire en partie d'origine dolomitique. Le graphique d'un de ces échantillons figure ci-après à la
page 12 *bis*.

Graphique de l'attaque au Calcimètre Houdaille. — Température   degrés

Terre des MM. Bouvier frères, Neuchâtel
Nature du calcaire : assez peu dangereux
Teneur en calcaire 57 %.

Acide carbonique CO² pour cent de terre fine
Carbonate de chaux correspondant
(en admettant l'existence de ce seul carbonate) } × 2.27 =
Dans 100 de terre fine sèche   Dans 100 de terre complète sèche
Cailloux et gravier
Calcaire

Carbonate de chaux pur.

Teneur en carbonate de chaux pur.
Graduation exacte à la température de 15°.

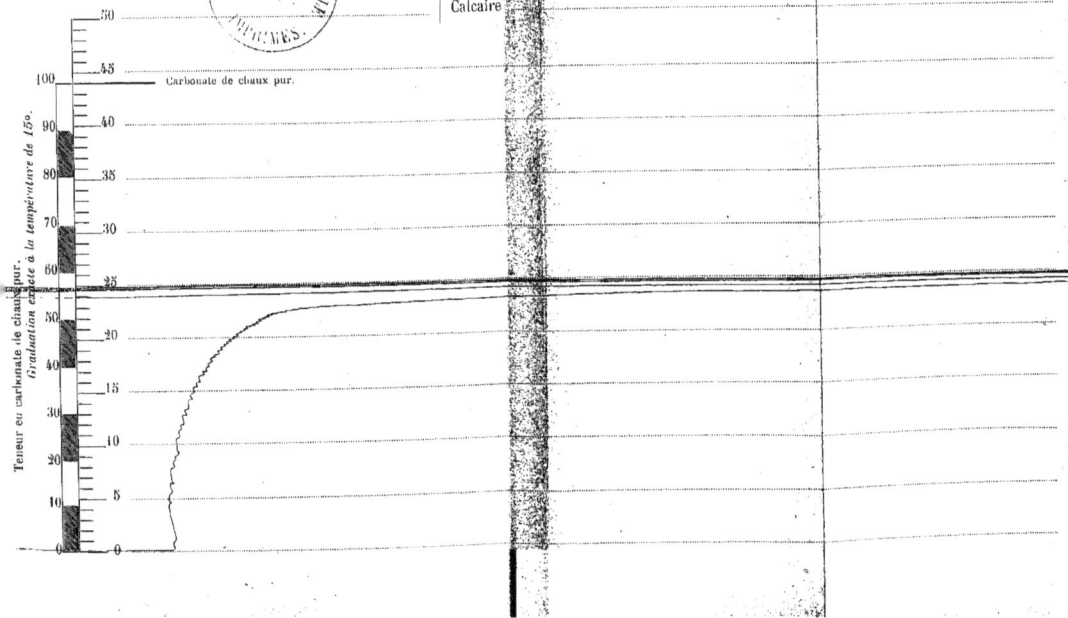

ria plantées à cet endroit, par suite de leur vente difficile à cette époque,[1] y sont restées 3 ans en place,
nous n'avons cependant pas constaté de chlorose.

Disons en passant, que les greffes de *chasselas* sur
riparia, tout en reprenant bien en pépinière comme
pourcentage de soudure, sont cependant inférieures
à ce point de vue à celles sur *riparia* $\times$ *rupestris* (3309
surtout, et même 3306 et 101-14), ce n'est donc pas
par intérêt professionnel que nous avons combattu
les exagérations de la campagne contre le *Gloire*.

L'enquête sur les plantations de greffés dans le
canton de Vaud, faite par MM. Faes et Peneveyre
en 1909, montre qu'on s'était trop pressé de
condamner ce porte-greffe.[2]

Si M. Guillon, directeur de la Station viticole de
Cognac, condamne l'emploi du *riparia* en ce qui
concerne les Charentes,[3] nous le trouvons fort
naturel, étant donné que les terrains de ce pays
sont des plus dangereux au point de vue de la
chlorose, mais cela ne veut pas dire qu'ailleurs il
doive en être de même. Ce n'est pas à dire que les
riparia Gloire et *Grand glabre* ne seront pas dépassés
par d'autres porte-greffes, le riparia $\times$ rupestris
101-14, le riparia $\times$ rupestris II F, les Berlandieri $\times$
riparia, le cordifolia $\times$ rupestris 106-8, le rupestris $\times$ riparia 108-103, le rupestris $\times$ riparia 75-1,
le rupestris $\times$ Hybride Azémar 215-2, l'æstis-
valis $\times$ riparia 199-11, le riparia du Colorado ε,
même dans une terre à riparia Gloire.

---

1 Grâce aux accusations imméritées qui avaient circulé au sujet de
ce porte-greffe.
2 Voir *La Terre vaudoise*, organe de la Société vaudoise d'agriculture et de viticulture Nº 25 septembre 1909, page 202.
3 Voir Nº 843 *Revue de viticulture*. Les porte-greffes en 1909,
par J. M. Guillon, page 141. Paris, Bd St-Michel, 35.

Cela semble même probable si l'on examine le détail de l'expérience N° II, faite à Veyrier. Toutefois, ajoutons que, dans cette dernière, si le sol est très meuble et d'une bonne profondeur, il est parfois à cause de son sous-sol (à partir de 60 cm), ou sec ou frais, suivant les saisons. Mais en examinant les résultats de l'expérience N° III, même sol, on voit que le riparia y a donné de forts bons résultats qui semblent devoir être difficilement dépassés.

Notre intention n'est pas de faire du *Gloire* et du *Grand Glabre* une panacée, mais simplement de prouver qu'ils ont été calomniés, aussi est-ce sans rien exagérer que nous reconnaissons encore une autre qualité aux bonnes variétés de *riparia*, c'est qu'elles ne poussent pas trop à bois et ceci, à cause de l'habitude que nous avons de la taille courte et des plantations serrées, est un avantage qui se passe de commentaire. Si l'on a trop de feuilles dans des plantations serrées, l'air et lumière ont de la peine à pénétrer, la maturité est moins bonne, l'humidité reste plus longtemps et favorise *le mildiou*[1]. Avec trop de bois et de feuilles, il est aussi plus difficile de circuler, de sulfater.

Du reste, il n'y a pas que les riparia qui ne poussent pas trop à bois, c'est le cas des 101-14 ; 3306 ; 3309 ; Berlandieri $\times$ riparia ; 41 B et de plusieurs des porte-greffes de l'expérience n° II., rupestris $\times$ riparia 108-103 ; rupestris $\times$ riparia 75-1 ; cordifolia rupestris 106-8, etc., etc. Ce sont surtout le

---

[1] On nous a affirmé en 1909 qu'aux environs de Montpellier (commune de Mudaison, Hérault), dans les plaines fertiles, les greffes sur rupestris du Lot avaient plus souffert du *mildiou* que celles sur d'autres cépages moins vigoureux, parce que ce porte-greffe augmentait le développement foliacé.

rupestris du Lot et dans une certaine mesure les franco-rupestris qui ont cette tendance.

Il y a quelques années, chez nous, on a parfois exprimé la crainte qu'un plant dont les racines sont superficielles ou du moins tendent à être superficielles [1], risquait de gêner les labours, ceux profonds du moins ; nous répondrons que sans prendre fait et cause pour la théorie des labours tout à fait superficiels, il y a lieu de tenir compte des enseignements que M. Ravaz et d'autres ont tiré de leurs intéressantes expériences. Elles ont démontré que ce n'était pas toujours un bien que de détruire les racines superficielles par des labours trop profonds. Par contre, nous estimons *à priori* que dans des terres fortes l'aération est nécessaire, puisque nos ancêtres mettaient des drains dans les fortes terres de Lavaux uniquement pour donner de l'air. Cependant nous croyons qu'à Genève et dans le canton de Vaud on fossoye souvent trop profondément, ce qui ne va pas toujours sans dommages pour les jeunes plantes surtout, qui souvent sont arrachées par le fossoir. Si l'on se servait d'instruments moins gros, on pourrait planter des greffes-boutures plus courtes, et l'on suivrait le conseil qu'ont donné divers auteurs au sujet des bouturages [2] en insistant pour

[1] Nous avons souvent reçu de jeunes greffes de Gloire provenant du midi et avons constaté que sous un climat chaud, les racines de ce plant étaient beaucoup moins traçantes que chez nous.

[2] Voir Dr Guyot, *Culture de la vigne et vinification*. Imprimerie G. Chamerot, rue des Saints-Pères 19, Paris.

Dr Guyot. *Etudes des vignobles de France*. Paris 9, Masson et Cie Boulevard St-Germain 120 ; 2me édit. Tom. 3 page 619.

Duchesse de Fritz James. *La viticulture franco-américaine*, Montpellier. C. Coulet et fils 1889. Paris, Masson et Cie.

Dans ce dernier ouvrage non seulement Madame de Fritz James propose de ne pas planter profond, mais insiste beaucoup (pages 529 à 641) pour qu'on plante des boutures à un œil.

qu'on se garde de planter trop profondément et surtout dans des terres fortes.

Sous nos climats et pour la plupart de nos terres,
il n'est pas bon de détruire les racines superficielles qui sont dans une couche de terre chaude
et plus aérée, d'autre part il est nécessaire d'aérer
le sol le plus profondément possible. Il nous
semble que pour mettre d'accord ces deux théo-
ries, toutes deux étant justes, le mieux est de faire
chez nous et jusqu'à plus ample expérience, des
labours moyens et de ne pas planter des greffes
trop longues.

Le riparia Grand glabre

« Feuilles adultes planes à peine bullées, vert
« foncé, luisantes, nervures rosées à la base en
« dessus, plus longues que larges, grandes. Feuilles
« jaunes, pliées en gouttière, vert pâle. Bourgeon-
« nement vert pâle.

« Le système radiculaire est grêle et porte un
« chevelu abondant, Le riparia Grand glabre a des
« racines très dures, comme du fil de fer ; elles
« sont moins charnues que celles du riparia Gloire
« de Montpellier. » (D'après Ravaz[1])

M. Millardet avait émis l'opinion que dans les
terres sèches à riparia, le *Grand glabre* résisterait
mieux à la sécheresse que le *Gloire*.

L'expérience n° III, faite à Veyrier dans un terrain

---

[1] Voir L. Ravaz, *op. cit.* pages 85-86.

pas toujours très profond, meuble à la surface et souvent un peu séchard en été, nous a montré que 2 lots de *riparia Grand Glabre* greffé avec des *blanchettes* (variété de chasselas de la Suisse) et des *plants du Rhin* (sylvaner) s'étaient fort bien comportés ; mais lorsqu'on examine de plus près le tableau de cette expérience on voit les *fendants* sur *riparia Gloire* ont produit tout autant et même davantage Dans l'expérience n° II. les *Grand Glabre* a donné de meilleurs résultats que le *Gloire,*

Nous serions donc tenté de dire que tous deux supportent une dose de sécheresse relativement élevée.

Nous considérons le *riparia Grand Glabre* comme un très bon porte-greffe ; certaines années, ses souches greffées en blanchette ont été superbes. Il a du reste fait fructifier fortement le plan du Rhin qui par lui-même n'est pas un gros producteur.

Dans le temps, on avait recommandé les *riparia tomenteux* pour les terres « à riparia » humides ou légèrement humides. Nous avons actuellement l'impression que ceux-ci seraient, chez nous du moins, moins vigoureux que les *riparia Gloire* et *Grand Glabre.*

On a du reste mieux que cela actuellement pour les terrains humides, sous la forme de Solonis $\times$ riparia 1616 et riparia $\times$ rupestris 3306.

2. Les Rupestris

« Les rupestris sont caractérisés par leur port buissonnant, leur tronc court et gros, les ramifications secondaires toujours très nombreuses de leurs

2

rameaux dont beaucoup rampent sur le sol ; leurs feuilles plus larges que longues, réniformes, au sinus pétiolaire franchement ouvert, rarement grandes, petites, à *pousses d'abricotiers* très brillantes. Leurs racines sont généralement rouge-jaunâtre, tenaces, dures, plus charnues que celles du riparia avec un chevelu moins touffu, moins abondant que chez ces derniers cépages ; elles sont longues et pivotantes, s'enfonçant presque verticalement dans le sol ». (D'après Gervais[1].)

On a cru longtemps, parce que les rupestris ne se trouvent en Amérique que dans des régions chaudes et qu'à l'état sauvage, et qu'ils n'y poussent jamais sous bois mais dans des endroits découverts, que ces plants résistaient à la sécheresse et on les conseillait pour les terrains pauvres, caillouteux et secs sans même indiquer si ces terrains devaient être profonds ou pas.

Vers 1898, *les rupestris*, dans beaucoup de terrains secs, commencèrent à donner des mécomptes, alors que dans d'autres terrains, secs également, ils continuaient à donner de bons résultats.

Enquête faite, on s'aperçut que si les *rupestris* donnaient de la satisfaction en de nombreux endroits, ils résistaient beaucoup mieux à la sécheresse qu'on ne le croyait, souvent même moins que le *riparia*.

Ils donnaient de bons résultats dans des terrains caillouteux, dans des « garrigues » (terme du Languedoc désignant des terrains où il y a des rocailles), *mais à condition que ces terrains soient profonds*

---

[1] *Gervais. Etudes pratiques sur la reconstitution des vignobles.* Montpellier Coulet & fils, édit. 1900, page 18,

et qu'ils aient un *sous-sol frais ;* les gros cailloux, les rocs (à condition qu'il s'agisse de rocs fissurés), agissant, dans les contrées méridionales, pour empêcher l'humidité de s'évaporer.

Si, par contre, on avait affaire à un sol sec à de grandes profondeurs (ce qui arrivera rarement du moins dans les régions tempérées[1]), ou surtout à un terrain sec superficiel, à sous-sol tabulaire impénétrable, les plants greffés sur ce porte-greffes souffraient réellement, il en était de même des *rupestris* non greffés.

Dans les terrains superficiels, ses racines, qui sont pivotantes, sont gênées dans leur nature même.

Il ne suffit donc pas de répéter sans autre, comme cela se fait encore constamment, que les rupestris sont indiqués pour les terres sèches et caillouteuses, encore faut-il interpréter cela. Oui certes, ils sont indiqués pour des terres sèches et moyennement caillouteuses, mais à condition qu'elles soient profondes et perméables.

Somme toute, ce plant résiste pratiquement à la sécheresse, parce que, grâce à ses racines pivotantes, il va puiser l'humidité à de grandes profondeurs ; cependant les *rupestris craignent intrinséquement davantage ce facteur que les riparia* et c'est pour cela probablement qu'ils sont obligés de pivoter.

Des vignes sur *rupestris* situées à Clapiers près Montpellier, à Montferrier près Montpellier, dans des terres sèches et même souvent assez profondes souffrent fréquemment de la sécheresse, ce n'est pas rare d'y constater une flétrissure des raisins.

---

[1] A l'exception du Valais toutefois où l'on est obligé d'arroser les vignes, mais si on peut les arroser il est évident que l'inconvénient disparaît. Disons aussi qu'à certains égards le climat du Valais est presque méridional.

Voyons ce que dit M. Ravaz à ce sujet[1] :

« Elle paraît (l'espèce *rupestris*) en effet adaptée
par ses feuilles aux climats secs ; mais peut-être ses
feuilles sont-elles adaptées simplement aux aptitudes de la plante, par exemple à un faible pouvoir
absorbant ou à une disposition spéciale des racines.
En fait, elle perd hâtivement les feuilles de ses
rameaux dans beaucoup de terrains et même dans
les régions tempérées de la France[2]. On peut, il est
vrai, considérer cette propriété comme un caractère
naturel. Mais quant il s'agit de vignes greffées, la
chose est plus grave. »

« Il existe aussi, et beaucoup plus accentué
encore, semble-t-il, chez les variétés de *Vitis vinifera*
greffés sur cette espèce ; et ici non seulement les
feuilles se dessèchent, mais encore les grappes, qui
restent à l'état de verjus, se flétrissent ; si bien que
non seulement la récolte est de ce fait très réduite,
mais encore de qualité inférieure. »

« Ainsi voilà une plante qui, en plus de son nom,
paraît avoir tous les caractères de plantes adaptées
aux milieux secs et qui est extrêmement sensible

[1] *Ravaz* op. cit. page 107.
[2] Voir à ce sujet nos expériences de Clapiers n° XIV tome II, où
nous avons constaté que, bien que le *rupestris du Lot* greffé avec des
Grands noirs eût donné en octobre 1909 de bons resultats dans un
terrain profond (bonne terre assez caillouteuse), ses greffes perdaient
leurs feuilles, alors que non loin de là dans des terres un peu plus
sèches les 41 B, les Aramons × rupestris n° 1 et même les 3309 greffés en Carignane les avaient encore.
M. Fabre attribuait cela au fait que le Grand noir perd ses feuilles
prématurément, c'est possible que ce greffon ait ce caractère, mais
certainement le porte-greffe y était aussi pour quelque chose. Sans
vouloir mettre de côté le rupestris du Lot, qui est un bon porte-greffe,
nous croyons qu'il serait souvent avantageusement remplacé par le
41 B, l'Aramon × rupestris, n° 1, les Berlandieri × riparia et même
le 1202 dans les régions méridionales.

à la sécheresse. C'est peut-être qu'on a mal inter-
prêté les conditions dans lesquelles elle croît habituellement. »

« De ce qu'elle préfère le soleil, c'est-à-dire les
espaces dénudés, à l'ombre, c'est-à-dire aux forêts
touffues, on ne peut pas en conclure qu'elle aime les
milieux secs. Les milieux secs sont justement ceux
que créent la végétation forestière ; les haies, les bois
dessèchent le sol beaucoup plus qu'une longue et
intense insolation. Elle croît, il est vrai dans les
rochers. Mais les rochers, et tous les vignerons le
savent, préservent de la dessication les parties qu'ils
recouvrent. »

MM. Gervais, Viala et d'autres ont également re-
levé ces faits. Nous-même, en 1899, disions au sujet
du rupestris du Lot : « les racines du rupestris du
Lot s'enfonçant très profondément, il faut que le
sol où on veut le planter soit non seulement sec et
caillouteux (à cette époque nous croyions encore à
la résistance intrinsèque des rupestris à la sécheresse), mais profond aussi [1].

[1] Voir *Brochure pépinière de Veyrier. 1899.*
En mars 1901 nous écrivions dans le *Journal d'Agriculture Suisse*,
dirigé par M. Borel, Collex (Genève) (article reproduit dans notre
réunion de brochures, édité par la pépinière de Veyrier en 1904).
« En 1899 nous disions que le rupestris du Lot convenait aux terrains
secs, maigres, caillouteux et profonds. Ce cépage a en effet des racines
pivotantes, s'enfonçant profondément en terre et pouvant puiser
l'humidité à de grandes profondeurs.
C'est à cause de la disposition de ses racines (celles d'autres variétés
de rupestris ont du reste la même disposition). qui s'enfoncent presque
verticalement dans le sol, que nous ne le conseillons pas pour les terres
sèches et superficielles. Il semble en effet logique qu'un plant ayant
un système radiculaire s'enfonçant profondément souffre, si ses racines
rencontrent à peu de distance de la surface du sol un obstacle quelconque, tels que bancs de rochers, etc. *Le cépage est alors obligé de
lutter contre la nature même de ses racines*[*].

[*] Voir P. Gervais op. cit.

Le 15 mars 1901, M. P. Viala, Inspecteur général de viticulture, voulait bien nous écrire ce qui suit :

Des faits que nous avons constatés nous-même (depuis la publication de cette brochure) sur place, nous font un devoir d'ajouter quelques lignes à cette publication (du reste nous n'avons pas été le seul à constater et à publier des cas analogues.)

Jusqu'à environ 1898, le *rupestris du Lot* avait été recommandé comme un plant résistant à la sécheresse et convenant au terres pauvres, caillouteuses et sèches, L'on s'appuyait pour prouver cela sur le fait indéniable que ce plant est très vigoureux ; il l'est en effet à tel point que, si l'on n'accorde à ses greffons une taille plus généreuse qu'à ceux greffés sur d'autres plants, le riparia par exemple. on risque la coulure des fruits. Placez-le dans des terres pauvres disait-on, et sa trop grande force en végétation deviendra un avantage au lieu d'être un inconvénient.

De nombreux faits semblaient confirmer cela ; en effet dans les terres sèches, caillouteuses (en apparence du moins) et très calcaires de l'Hérault, en particulier aux environs de Montpellier *, de très nombreuse plantations greffées sur *rupestris du Lot* (taillées en laissant par cornes (coursons) un œil de plus que lorsqu'on taille des greffés sur riparia) fructifient à merveille; la plupart de ces plantations sont d'un âge très respectable ** . Toutefois en 1898, M. Caussel, maire de Clapiers, eut l'occasion de me dire qu'il avait, dans maints cas, constaté que le *rupestris du Lot* souffrait de la sécheresse et ajoutait-il, surtout dans des terres où *il n'y a pas de fond*. Nous fûmes de prime abord, très étonné de cette affirmation, étant données les nombreuses terres sèches et caillouteuse (en apparence du moins) où nous avions vu prospérer le *rupestris du Lot*.

A peu près à la même époque, d'autres plaintes de praticiens s'étaient élevées en France au sujet du *rupestris du Lot* craignant dans certains cas la sécheresse. Les viticulteurs théoriciens et praticiens étudièrent la question de plus près. Leur conclusion fut alors que ce plant convenait aux terres pauvres. sèches, caillouteuses et profondes, mais pas aux terres superficielles où son système radiculaire était gêné à peu de distance de la surface du sol par des bancs de rocher, etc. Cela semblait logique : toutefois, d'une part, les praticiens se mettaient dans l'Hérault et le Gard, à planter depuis quelques années le *rupestris du Lot*, non seulement dans les terres pauvres, mais dans des terres de plaine riches; cela renversait la théorie en cours jusqu'à ce jour. En 1900, nous avons vu ces plantations, âgées déjà de plusieurs années, donnant grâce à une taille plus généreuse que lorsqu'on greffe sur d'autres plants, d'excellents résultats. Et cependant le *rupestris du Lot*, nous l'avons constaté nous-même, continue à prospérer dans des terres

---

* Villages de Clapiers et Montferrier, où la famille de l'auteur possède des vignes.
** 17 ans et plus en 1901, 26 ans en 1911.

« Le *rupestris du Lot* est un des cépages les plus
« plus résistants[1] que l'on connaisse dans tous les
« terrains, à la condition expresse que ces terrains
« soient profonds. »

sèches, caillouteuses et profondes (elles ne sont sèches qu'en apparence) du midi et d'ailleurs. Il devenait difficile de comprendre ce qui
se passait au sujet de ce plant-là. Nous eûmes l'occasion et la chance
en 1899, de voir M. Conderc, qui nous affirma que le *rupestris du Lot*
ne résistait pas à la sécheresse. D'autre part nous avions planté, printemps 1899 (plantation faite avec des racinés d'un an), dans la commune d'Etrembières (Haute Savoie), un hectare de *rupestris du Lot*,
Nous basant sur la résistance qu'on lui accordait à la sécheresse, nous
avions placé ces pieds destinés à produire du bois, dans la partie la
plus pauvre et la plus caillouteuse des terrains que nous cultivions.
Quel ne fut pas notre étonnement de voir que, sur une place circulaire
d'une trentaine de mètres de diamètre, ces jeunes racinés de *rupestris
du Lot* ne prospéraient pas, alors que pour leurs voisins plantés dans
une partie moins pauvre du dit terrain il en allait tout autrement. Il
s'agissait d'un véritable rabougrissement. Avant 1899, ce n'était pas nous
qui cultivions cet emplacement et nous savons fort bien que celui qui
le cultivait n'abusait pas des engrais, alors que dans d'autres parties
du dit hectare, la quantité d'éléments fertilisants et la richesse du sol
y étaient aussi plus élevées. La sécheresse y était aussi moins caractéristique. En 1900, cette place fut arrachée. Nous nous hâtons de dire
que ces racinés étaient bien jeunes pour que nous concluions quoi que
ce soit ; toutefois les constatations que j'eus l'occasion de faire aux
environs de Montpellier en 1899, me confirmèrent que si ces racinés
ont souffert à Etrembière en 1899, c'était bien la sécheresse et la pau-
vreté du sol qui en étaient cause.

Au mois de mai 1899, M. Caussel, maire de Clapiers, me montra
très obligeamment dans cette commune, des plantations âgées et greffées sur *rupestris du Lot*, situées dans des terrains secs, caillouteux et
profonds, dont le sous-sol était sec. Aussi, actuellement, me dit-il, il
n'a pas encore fait sec et les greffes sur *rupestris du Lot* sont belles,
mais je voudrais que vous visitiez ces plantations au mois de juillet et
vous verriez que le *rupestris du Lot* souffre beaucoup de la sécheresse
dans certains cas particuliers.

Etant retourné à Clapiers en juillet, M. Caussel eut l'obligeance de
m'inviter à nouveau à parcourir ces mêmes plantations ; trois surtout
me sont restées dans la mémoire, l'une située près du cimetière de
Clapiers — terre, sèche très compacte et profonde ; — une partie de
cette vigne est reconstituée sur *riparia* et l'autre sur *rupestris du Lot*.
Alors que les greffes sur *riparia* (placées il est vrai dans une partie
moins compacte et plus sablonneuse du terrain) souffraient de cette
sécheresse, leur récolte était encore là, tandis qu'à côté, la plantation

[1] Il s'agissait d'une question posée sur la résistance phylloxérique.

Il existe évidemment des variétés de rupestris qui
résistent plus à la sécheresse que d'autres. D'après
M. Couderc et le regretté M. Millardet, professeur
à la Faculté des Sciences de Bordeaux, le *rupestris*

sur *rupestris du Lot* souffrait à tel point qu'il semblait que les grappes
étaient échaudées ; c'était sur toute la végétation de la partie en *rupestris du Lot*, un coup de feu. Comment se fait-il, avons-nous dit à M.
Caussel, que dans d'autres terres sèches, caillouteuses et profondes de
Clapiers, ce plant-là réussisse si bien ? Quand il y a du fond riche et
pas sec, me répondit celui-ci, ce cépage se tire d'affaire, mais lorsque
le sous-sol est sec et pauvre, surtout sec, cela ne va pas. Nous allâmes
plus loin à environ un kilomètre au nord du même village et nous
vîmes une seconde vigne âgée, greffée sur *rupestris du Lot* dans un
terrain très sec, très caillouteux et très profond. Voilà des années,
nous dit M. Caussel, que cette vigne souffre toujours beaucoup lorsqu'il
n'a pas plu depuis longtemps. En effet, c'était bien un cas de souffrance
caractéristique ; le sous-sol, en cet endroit, est composé en majeure
partie de cailloux et ne contient, de nouveau, pas d'humidité.
    La troisième vigne dans laquelle nous mena M. Caussel nous étonna
beaucoup plus ; elle est située dans un endroit appelé « Plan Gouttier ».
Cette plantation est l'une des premières que l'on ait faites dans le pays
sur ce porte-greffe. Le sous-sol en cet endroit est humide, plutôt beaucoup que peu. Cette vigne occupe l'endroit le plus bas ; une cuvette
entourée de collines. Nous constatâmes que, grâce à des canaux entourant
cette vigne, l'humidité existait en bonne quantité dans le sous-sol.
Quel ne fut pas notre étonnement de voir que ni la végétation, ni la
fructification ne laissaient à désirer dans ce cas-là. Il est juste d'ajouter que l'humidé n'était que dans le sous-sol et que l'on était dans le
midi où l'évaporation est sans doute plus active que dans le Nord.
Nous ne conseillerions cependant pas, surtout dans le canton de
Genève et ses environs de planter du *rupestris du Lot* dans des terres
dont le sol et le sous-sol seraient trop humides et surtout pas dans les
terres à pourridié (blanc des racines). Nous craindrions surtout l'eau
stagnante. Nous nous hâtons de dire que nous avons vu chez M. Favon
à Bossey, une jeune plantation âgée de deux ans, greffée sur *rupestris
du Lot* se comporter très mal à tel point que la plupart des pieds étaient
presque morts. Cette terre était compacte et très humide. Il s'agissait
là d'eau stagnante dans le sol et le sous-sol.
    Ces divers faits nous ont prouvé que si l'on a dit autrefois que le
rupestris du Lot convenait à des terres pauvres et sèches, dans le cas
même où le sous-sol, à condition qu'il ne soit pas impénétrable aux
racines, serait sec, nous ne sommes plus aujourd'hui de cet avis, mais
sans vouloir en rien jeter un discrédit quelconque sur cet excellent
porte-greffe qui résiste à des doses élevées de calcaire et dont nous
avons constaté les résultats très satisfaisants sur des centaines d'hectares de plantations d'un âge très respectable, nous considérons ce
cépage comme plus gourmand qu'on ne le croit et pensons qu'il faut

Martin serait le rupestris beaucoup plus indiqué pour les terrains réellement secs que le *rupestris du Lot* ou d'autres.

D'après beaucoup d'auteurs les *rupestris purs* ne résisteraient guère plus, d'après certains autres, moins même à la chlorose que les *riparia*. Si certaines variétés de rupestris résistent à de fortes doses de calcaire, telles le rupestris du Lot, c'est parce qu'elles ont fort probablement subi des hybridations naturelles à l'état sauvage en Amérique.

Les rupestris craignent le pourridié, dit-on.

Il y a de très nombreuses variétés de rupestris ; pour ne pas abuser de la patience de nos lecteurs, nous ne citerons que trois variétés.

Le *rupestris Ganzin*, le *rupestris Martin* et le *rupestris du Lot*.

Le rupestris Ganzin

Peu répandu dans la pratique, nous ne le citons que pour mémoire.

Sa feuille adulte est réniforme, à sinus pétiolaire très ouvert, entière à dents anguleuses larges, les nervures présentent quelques poils raides à la face

le mettre dans des terres moyennement riches et même riches, sans qu'elles le soient à l'excès, qui ne soient pas humides et qui ne soient pas des terres à pourridié. Nous sommes aussi persuadé, pour en avoir vu assez d'exemples, que dans terres moyennement sèches et dans celles qui ne sont sèches et caillouteuses qu'à la surface et dont le sous-sol est riche et pas sec (ces terres sont plus nombreuses que celles qui sont sèches à de grandes profondeurs), il s'y comportera bien grâce à son système radiculaire plongeant. »

inférieure, glabre unie et d'un vert plutôt pâle en dessus.

Rameaux rouges vineux en dessus ; les jeunes rameaux présentent quelques poils aranéeux.

Bourgeonnement faiblement aranéeux, vert un peu bronzé. (Estoppey)

Le rupestris Ganzin a une très haute résistance phylloxérique qui, au dire de M. Gervais, frise l'immunité. Il mérite d'être cité, ne fût-ce que parce qu'il a servi aux hybridations de MM. Ganzin, Millardet et Couderc.

D'après M. Gervais (op. cit. page 19) « le rupestris Ganzin, sauf dans les très bons fonds, — où les riparia et les riparia✕rupestris doivent lui être préférés — est d'une adaptation plutôt difficile. Ses greffes vont souvent en déclinant : de plus, il donne en *greffes-boutures* des reprises mauvaises ou insignifiantes, de telle sorte qu'il a été peu à peu totalement délaissé. »

« Sélectionné par M. V. Ganzin et dédié à son obtenteur par M. Millardet. Vigne de vigueur moyenne, plus faible que *R. Martin*. Très rustique, très résistante au phylloxéra, elle porte des greffes de bonne vigueur. A été abandonnée depuis qu'on possède des variétés plus vigoureuses. »[1] (Ravaz)

Sa réputation de rusticité nous l'avait fait conseiller en 1899 à titre d'essai dans des terrains superficiels, mais aujourd'hui, bien que nous n'ayons pas eu les preuves contraires nous ne le conseillerions plus. Nous ne l'avons pas essayé suffisamment pour en parler. Nous en possédons quelques pieds non greffés, à Nant, dans un terrain

---

[1] Ravaz, op. cit. page 116.

très compact (argile glaciaire) et ils ne nous paraissent pas très vigoureux jusqu'à présent (ils datent de 1905 voir expérience N° VIII).

Il est vrai que ces terres fortes ne paraissent pas indiquées pour des rupestris. Nous réservons toutefois encore notre opinion au sujet de ce rupestris.

Le rupestris Martin

Souche vigoureuse à rameaux longs, sinueux, peu ramifiés, vert rosé, brisants à l'état herbacé, devenant brun terne à l'aoûtement. Feuille réniforme, pas très grande, creusée en gouttière à la face supérieure, dents très mucronées, larges, arrondies. Sinus pétiolaire en V ouvert. A la face inférieure et angles des nervures principales il y a des touffes de poils raides, nervures teintées de rouge violacé surtout à la base en dessus ; vert mat. Jeunes feuilles d'un vert plus clair, luisantes.

Bourgeonnement vert-clair, aranéeux, duveteux. (Estoppey).

D'après MM. Couderc et Millardet, le *rupestris Martin* résisterait à une dose de sécheresse plus considérable que les autres *rupestris*.

Il serait donc intéressant de l'essayer dans des terres superficielles, mais nous disons essayer seulement.

Dans son *Cours complet de viticulture*, page 108-109, Fœx dit « qu'il peut être regardé comme l'équivalent du rupestris du Lot pour la région de l'Ouest, où il s'accommode très bien des terres argileuses un peu froides du Maine et Loire par exemple. Il redoute beaucoup plus que le *rupestris du Lot* le calcaire, mais il est aussi résistant que lui au phylloxéra (note 19,5 sur 20) et nourrit également bien la greffe. »

« En résumé il constitue un excellent porte-greffe pour les milieux non calcaires ou très peu calcaires qui ne souffrent pas de la sécheresse en été. »

M. Ravaz dit page 117 op. cit. « Variété remarquée par Couderc chez M. Martin, propriétaire près Montpellier. Très vigoureuse, très résistante au phylloxéra, elle est un des porte-greffes les plus robustes qui existent actuellement. Quand le terrain lui convient elle donne des souches fortes et durables. Le système radiculaire est traçant et plongeant. Le tronc grossit presque autant que les greffons de Vinifera qu'on peut lui faire nourrir. Les sarments longs et forts s'enracinent facilement et donnent des plantes dont la portée aérienne se développe immédiatement avec vigueur.... »

.... dans les terres argilo-siliceuses, caillouteuses et un peu fraîches, c'est un excellent porte-greffe qui se maintient vigoureux sans l'apport de fortes fumures. »

« Seulement ils reprennent mal à la greffe. Pour obtenir une proportion de reprise suffisante, il faut de toute nécessité enlever avec soin tous les yeux du sujet; encore le résultat n'est-il pas toujours très satisfaisant. Mais, la greffe réussie, la souche se développe avec vigueur. »

Nous avons de temps à autre fait quelques greffes sar table avec du *rupestris Martin* et n'avons pas été mécontents de la reprise.

M. Gervais dit, page 19 op. cit. après avoir parlé du rupestris Ganzin : « le rupestris Martin, au contraire, est d'une vigueur qui croît avec l'âge ; dans les schistes, les argiles relativement compactes, mais non imprégnées d'eau stagnante, dans les sols caillouteux ne souffrant pas d'un excès de sécheresse, il constitue un porte-greffe merveilleux. Il reprend bien de bouture, la greffe en place, telle qu'elle se pratique dans le Midi de la France et la greffe sur table ont, il est vrai, fréquemment donné lieu à des insuccès : la cause en est dans le grand nombre de rejets que le *rupestris Martin* — comme d'ailleurs tous les rupestris et hybrides de rupestris — a la tendance d'émettre ; il faut avoir soin d'entailler profondément tous les yeux qui sont en terre ; grâce à ces soins et à quelques précautions particulières aujourd'hui bien connues, le greffage sur *rupestris Martin* ne soulève pas de difficulté très sérieuse. En revanche la perfection des soudures ne laisse rien à désirer ;... » et plus loin il ajoute :

« Le *rupestris Martin* craint, quoiqu'on ait dit, les sols calcaires. J'ai vu, à la vérité, des *rupestris Martin* très beaux et très verts dans des sols formés de cailloux calcaires très durs et d'argile, mais dès que le calcaire est sous une forme assimilable ou facilement attaquable, le rupestris Martin jaunit presque à l'égal du riparia. »

En 1901 nous disions dans la note que nous avons publiée dans le *Journal d'Agriculture suisse* : « On nous a cité des cas où le rupestris Martin s'était, malgré de très fortes doses de calcaire, très bien comporté, mais il ne nous a pas été donné de pouvoir contrôler ces faits avec toute l'exactitude nécessaire, c'est pour cela que nous nous réservons de n'indiquer notre opinion au sujet de la résistance au calcaire du rupestris Martin, que plus tard. »

Nous faisions là allusion à une plantation faite sur plus d'un demi-hectare à Clapiers, près Montpellier (Hérault), il y a plus d'une vingtaine d'années et qui, au dire de M. Fabre, régisseur, est sur rupestris Martin. Si nous n'avons pas affirmé d'une façon plus catégorique qu'il s'agissait là du rupestris Martin, c'est qu'à l'époque où la dite plantation a été faite, nous n'étions pas sur les lieux et nous n'avons par conséquent pas constaté s'il s'agissait réellement en totalité du rupestris Martin ; à cette époque du reste, on était moins difficile quant à l'authenticité des plants.

Cependant, M. Fabre connait ses variétés, et s'il y a par hasard quelques rupestris du Lot parmi les plants utilisés pour cette plantation, il y a en tout cas un autre rupestris, si ce n'est pas le Martin. Cette plantation est faite dans un sol très pierreux (même formation géologique que pour les terrains de notre expérience N° XIV, éocène, étage lutétien) superficiel par endroits, à sous-sol impénétrable, tabulaire. Le sol y est très calcaire et situé non loin de la terre de l'Aire et de celle du Hangar, pour lesquelles l'appareil Houdaille nous indique des courbes d'assimilabilité montant rapidement. Suivant M. Fabre, les porte-greffes (rupestris) qui y jaunissaient avant d'être greffés, portent actuellement des greffes parfaitement vertes et lorsque des rejets repoussent du pied en rupestris, ces rejets sont verts. Le greffon aurait-il une action antichlorosante sur le sujet ? Celui-ci résiste-t-il plus au calcaire qu'on ne le croit ?[1]

---

[1] Peut-être ce fait est-il à rapprocher de deux observations publiées en 1887 dans le Progrès agricole et viticole. Le Dr Despetis cite le

Tout ceci reste à vérifier, aussi nous nous abstenons de toute affirmation ; cependant *nous nous demandons* si réellement les rupestris en général et même les rupestris purs, le Martin entre autres, craignent le calcaire autant qu'on l'a dit.

Ce terrain étant *très sec*, les faits cités par M. Fabre nous ont engagé à proposer le rupestris Martin pour des terrains plus secs que ceux indiqués pour le rupestris du Lot et même pour des sols superficiels.

Nous avons essayé le *rupestris Martin* à Veyrier, (expérience N° II) taillé en gobelet, dans une terre meuble pas toujours très fraîche, 50-60 centimètres de profondeur ; comme rendement il s'est classé 15e sur 33, sa note de maturité moyenne est 3,5 lui donnant le 4e rang sur 11 Nos de classement.

A Paluds, près Vevey, dans une terre très compacte (molasse rouge), il aurait pu se comporter plus mal, la plantation ayant été faite dans de mauvaises conditions ce qui a rendu nécessaires de nombreux remplacements. Sa vigueur moins grande que celle du rupestris du Lot s'accommodera peut-être plus facilement de la taille vaudoise.

Dans nos expériences il a retardé parfois la maturité des raisins qu'il nourrissait, tandis que d'autres fois cela n'a pas été le cas.

Nous avons l'impression que cette tendance à

cas d'un *Alicante sauvage* qui, greffé sur les riparia, les guérit de la chlorose.

Fœx a de même obtenu des Aramons verts sur des Herbemont chlorosés et il attribue cette réussite à la transpiration des feuilles d'Aramon plus active que celle de l'Herbemont. Fœx a d'ailleurs tendance à expliquer par cette raison l'influence du greffage sur la chlorose.

(Cité d'après G. Delacroix *Maladies des plantes cultivées* (maladies parasitaires). Paris 1908, page 250).

retarder la maturité est moins prononcée chez lui que chez le rupestris du Lot.

En somme, il paraît intéressant d'essayer un peu plus chez nous le *rupestris Martin*, dans des « terres à rupestris » (c'est-à-dire terres ni *trop fraîches, ni trop sèches, mélangées de cailloux*) plus sèches que celles convenant au rupestris du Lot. Il sera également intéressant de l'expérimenter dans des terres plus fortes.

Le rupestris du Lot.

Synonymes : *Rupestris Monticola, Rupestris Richter, R. Lacastelle, Rupestris phénomène, R. Sigeas*, etc.

Souche très vigoureuse à rameaux assez longs, gros, à ramifications nombreuses, courtes et dressées, glabres, rouge-violacé. Feuilles plutôt petites, plus larges que longues, réniformes à sinus pétiolaire tout à fait ouvert,[1] entières à dents anguleuses étroites, glabres, unies, vert clair, luisantes à la face supérieure où les nervures sont teintées de rouge violacé à la base, d'un vert plus pâle et à nervures bien marquées à la face inférieure. Jeunes feuilles pliées en gouttières, brillantes, d'un vert un peu bronzé. Bourgeonnement aranéeux, bronzé. (Estoppey).

Plante stérile ne portant que des fleurs mâles.

La reprise des greffes sur *rupestris du Lot* est bonne, plutôt supérieure à celle sur riparia.

Le *rupestris du Lot* n'est probablement pas un

---

[1] « Le sinus pétiolaire franchement ouvert, en accolade, formant à l'œil presque une ligne droite permettant à lui seul de le distinguer des autres rupestris, il est à retenir. » P. Gervais, opt. cit., page 22.

rupestris pur, mais paraît être le résultat d'une hybridation naturelle, et c'est sans doute d'un de ses ascendants inconnus qu'il doit sa résistance à de fortes doses de calcaire.

Certains auteurs ont supposé, sans qu'il leur soit possible de l'affirmer, que le Vitis monticola[1] entrait pour une part dans sa composition. D'autres mettent en doute cette supposition.

Quoi qu'il en soit, le rupestris du Lot est un bon porte-greffe qu'on ne doit placer que dans des terrains secs en apparence seulement. Il a rendu des services dans les bonnes expositions de la Haute-Savoie, terres calcaires, pierreuses, ni trop sèches, ni trop humides, coteaux du Salève, de l'Arve.

Nous ne pensons pas qu'il soit indiqué pour les terres compactes, argile glaciaire.

A Veyrier, dans des terres qui cependant sont *parfois sèches*, meubles, alluvions de l'Arve mélangées de cailloux et de sable il nous a donné de bons résultats, il était soumis à la taille longue.

On continue à le planter à Frangy (Hte-Savoie).

Dans le canton de Vaud, il pourrait rendre des services dans certaines terres situées au voisinage des ruisseaux.[2]

A Veyrier, soumis à la taille courte, il a fort peu produit et retardé quelque peu la maturité; même conduit à la taille longue, il ne pousse pas ses greffons à mûrir leurs raisins aussi tôt que ne le font les riparia ou hybrides de riparia.

---

[1] M. Couderc a proposé d'appeler ce dernier cépage *Vitis calcicola*, afin d'éviter toute confusion avec le *rupestris du Lot* qu'on a le tort de nommer souvent *rupestris monticola* ou encore *monticola* tout court.

[2] Ces terres sont moins compactes et plus caillouteuses que d'autres, le glaciaire ayant été remanié par les ruisseaux, souvent aussi elles sont plus calcaires que d'autres.

3

Quant à la non résistance de ce cépage à la sécheresse, elle est évidemment moins à craindre dans
nos contrées que dans le Midi.

Le rupestris Taylor (Marés).

Plante vigoureuse, rameaux anguleux, glabres,
vert violacé. Feuilles larges orbiculaires presque
entières, à peine trilobées à sinus latéraux peu
marqués, dents en 2 séries, anguleuses très larges,
nervures légèrement pubescentes en dessous ; un
peu gaufrées, vert foncé, brillantes avec nervures
rougies à la base en dessus. Jeunes feuilles aranéeuses d'un vert plus tendre. Grappe petite, lâche,
à grains ovoïdes, noirs, fades. (Estoppey).

C'est une variété sélectionnée par H. Marés et
probablement un hybride de rupestris, rappelant
un peu le Taylor par son feuillage.

D'après M. Ravaz, il peut faire un bon porte-
greffe dans les terres compactes silico-argileuses.

M. Bouisset, à qui nous avons demandé des
renseignements au sujet de ce cépage, ne paraît
pas en faire grand cas. Il est du reste très peu
répandu dans la pratique ; si nous en donnons la
description c'est uniquement parce que nous en
avons parlé dans la commentation de notre expérience N° II faite à Veyrier.

3. Les Berlandieri

C'est surtout M. Viala qui a signalé toute l'importance que pouvait avoir le *Vitis Berlandieri* pour la reconstitution des vignobles situés en terrains très riches en calcaire.

Chargé par le gouvernement français d'une mission scientifique en Amérique, ce savant constata que cette espèce de vigne croissait à l'état sauvage exclusivement dans les calcaires crétacés du Texas.

Dans cette contrée, la sécheresse dure huit et même dix huit mois, à tel point que tous les cours d'eau sont à sec. En été, la température varie de 25 à 15° C à l'ombre, pour descendre en hiver à 17 et parfois à 38 et 44° C au dessous de zéro. Aussi, comme le dit M. Munson, à qui nous devons ces observations climatériques, « les plantes qui croissent naturellement dans cette région sont généralement capables de supporter de grandes sécheresses, de grandes chaleurs et de grands froids. »

Description botanique du V. Berlandieri. — Les racines sont fortes, charnues, grisâtres, à chevelu peu abondant. Les sarments plutôt grêles *sont fortement côtelés*, duveteux, souvent vivement violacés sur les nœuds, présentant à l'aoûtement une coloration allant du gris au brun foncé. Les jeunes pousses sont teintées de gris violacé de façon très caractéristique.

La forme de la feuille adulte rappelle celle du

riparia, mais est plus raccourcie et plus large ; les
dents sont courtes et généralement arrondies. Le
limbe est bosselé, gauffré, épais, cassant, d'un vert
plus ou moins foncé et le plus souvent très brillant.
Les nervures toujours très marquées, surtout en
dessous, portent, souvent sur les deux faces, des
petits poils raides et serrés, ainsi que des poils laineux plus ou moins longs, disséminés et dirigés en
tous sens.

Les jeunes feuilles duveteuses présentent souvent
une teinte bronzée. Le bourgeonnement est toujours cotonneux blanc ou rosé, mais, comme le fait
remarquer Ravaz, non pas sur la feuille mais sur
les poils.

Les variétés fertiles chez le *V. Berlandieri* sont
les plus nombreuses. Les raisins sont noirs et de
maturité tardive.

Aptitudes. Grâce à la sélection naturelle, cette
plante a acquis la faculté de résister à des doses
élevées de calcaire, même lorsque celui-ci est sous
une forme le rendant très assimilable. Elle supporte en outre facilement la sécheresse. Si, malgré
ces qualités qui la rendent très précieuse, elle n'a
pas pris, comme telle, plus d'extension dans la
pratique, c'est qu'elle a le grave défaut de reprendre
difficilement de bouture.

On a proposé divers procédés susceptibles de
parer à cet inconvénient. Les essais auxquels nous
nous sommes livré dans ce but ne nous ont pas
encore réussi.

Nous avons même planté, dans nos collections, des
racinés de *Berlandieri*, avec l'intention de les greffer
sur place ; leur reprise a été si capricieuse (ceci
dans un terrain meuble, alluvions de l'Arve), que

malgré de fréquents remplacements notre collection après 6-7 ans n'est pas complète[1] ; les quelques souches pour lesquelles ce greffage a réussi, sont assez belles.

[1] On s'est demandé cependant si cela ne serait pas une erreur de ne pas continuer à étudier cette question du bouturage du *Berlandieri*. Si l'on lit l'article *Sur les porte-greffes en 1909*, publié par M. Guillon, directeur de la Station viticole de Cognac, dans le N° 843 de la Revue de viticulture du 10 février 1910 ; il y dit entre autres, page 1910 : « *Le Berlandieri*. Le porte-greffe qui a le plus affirmé ses qualités en 1909 est incontestablement le Berlandieri pur » (il s'agit là des Charentes). « Ce cépage conseillé depuis longtemps et avec une tenace persévérance par M. P. Viala, a donné à la dernière récolte des résultats qui n'ont pas manqué de frapper tous les observateurs consciencieux. »

« Dans le champ d'expériences de Marsville (très calcaire) ce sont à part l'Aramon$\times$rupestris Ganzin N° 1, les greffes du Berlandieri qui ont donné les récoltes les plus abondantes. Les Berlandieri Rességnier N° 1 et 2 sont les plus utilisés. Il ne semble pas exister de différences bien nettes, suivant les années on constate pour l'un ou pour l'autre une divergence généralement peu accentuée. Le N° 2 chlorose un peu moins les premières années de plantation que le N° 1. Le Berlandieri Lafont N° 9 est également assez répandu. »

« La mise en relief du Berlandieri en 1909 coïncide d'ailleurs avec des expériences pratiques très intéressantes sur sa multiplication, M. F. Pinon, de Barbézieux, a publié ici même* une note très documentée sur des essais que nous avons eu l'occasion de voir en plusieurs circonstances. Il est arrivé, par une série de recherches remontant à 1895, et établies sur une grande échelle, à obtenir des greffes sur Berlandieri avec une réussite égale à des greffes sur 41 B et rupestris du Lot. D'autre part, M. Jacques Tibbel, viticulteur à Rabastens sur Tarn, qui s'occupe beaucoup de cette question, m'a écrit avoir obtenu des résultats très satisfaisants en greffant des Muscadelles sur le Berlandieri. »

« Chacun sait aujourd'hui que si le Berlandieri pur n'est pas très répandu, c'est que sa multiplication étant difficile, le prix des greffes était trop élevé pour la grande généralité des viticulteurs. Malgré cela, M. Verneuil a été des premiers dans les Charentes. à planter en 1891 des Berlandieri purs et, dès 1899, il en mettait les hautes qualités en évidence. Nous verrons un peu plus loin que plusieurs autres viticulteurs ont suivi son exemple. »

« Il est à souhaiter que les résultats obtenus relativement à la multiplication des Berlandieri favorisent l'utilisation de ce porte-

* *F. Pinon. Le Berlandieri dans les Charentes.* Revue de viticulture, 13 janvier 1910.

Les essais tentés en vue d'une multiplication vraiment pratique du *Berlandieri* n'ayant comme nous l'avons vu, pas donné jusqu'ici les résultats

greffe dont voici les aptitudes principales. Le Berlandieri s'adapte aux terrains les plus crayeux. Très peu exigeant au point de vue de la richesse du sol, il s'accommode parfaitement d'une petite épaisseur de terre, à condition toutefois que le sous-sol soit perméable. Il faut néanmoins éviter de l'employer dans des sols humides et froids, car dans ces milieux ses bois mûrissent mal et sa fructification est moins bonne. »

« En résumé, c'est pour les Charentes le porte-greffe de coteaux et des demi-coteaux de la Grande et Petite Champagne. Il y a tout lieu de supposer que sur les coteaux de la Loire et surtout dans le vignoble des environs de Reims, Epernay, etc., le Berlandieri trouvera une utilisation parfaitement en harmonie avec les besoins de la viticulture locale. »

« La vigueur du Berlandieri est moyenne les deux premières années, bonne à la troisième et très bonne à partir de la quatrième. On a reproché au Berlandieri son peu de vigueur la première année, mais cela tient au développement puissant de son système radiculaire qui lui permet de résister à la sécheresse dans les sols de faible épaisseur. Pour éviter des manquants les premières années, M. F. Pinon a donné quelques conseils pratiques intéressants, que je crois utile de reproduire textuellement : »

« 1º D'effectuer la plantation par temps doux de préférence et, dans tous les cas, lorsque la température est de $+1º$ au minimum ; au dessous de cette température si les racines de la greffe restent exposées à l'air, même pendant peu de temps, elles s'altèrent et la reprise est compromise. »

« 2º De bien cultiver pendant les trois premières années surtout, afin d'éviter que les mauvaises herbes gênent leur développement.

« 3º De sulfater régulièrement et tardivement, car les greffes sur Berlandieri poussent très longtemps — parfois jusqu'à la fin d'octobre quand les gelées ne sont trop précoces ; c'est le cas de cette année. »

« 4º De sevrer régulièrement tous les ans ; éviter de planter les greffes trop profondément ; la soudure doit toujours se trouver à au moins 5 centimètres au-dessus du niveau du sol. »

« 5º De tailler très court les trois premières années.

« Soignés convenablement, les Berlandieri 1 et 2 sont très vigoureux et très fructifères à partir de la quatrième année. Leur vigueur égale celle des rupestris, vient immédiatement après celle de 1202 et de l'Aramon$\times$rupestris Gauzin Nº 1.

« La fructification du Berlandieri est parfaite, c'est un fait démontré depuis longtemps et que l'on retrouve plus ou moins chez tous les hybrides auxquels il a donné naissance. Il ne coule pour ainsi dire jamais. Cette année, malgré les intempéries qui se sont produites au moment de la floraison il n'a pas coulé. Il donne parfois des rende-

attendus, on a cherché à tirer parti des qualités si précieuses de ce cépage en le croisant avec d'autres. Nous parlerons plus loin des hybrides ainsi obtenus par MM. Couderc, Millardet et de Grasset, entre autres.

Pendant les premières années, le Berlandieri semble pousser comme à regret, ses parties aériennes restent chétives, manquent de vigueur, c'est que la plante développe son système radiculaire. Cette lenteur d'évolution se remarque aussi sur les greffes de ce sujet, mais plus tard la vigueur devient

ments excessifs, allant jusqu'à 125 à 150 hectolitres à l'hectare, mais dans les années de grosse production il faut éviter de tailler trop long à moins de le fumer abondamment. Malgré sa grosse production naturelle, il est peu exigeant sous le rapport des fumures. »

Les faits nouveaux relatés dans cet article seraient de nature à encourager les chercheurs à tenter de nouveaux essais en vue d'une multiplication facile du *Berlandieri*. Ce but une fois atteint, les greffes sur ce sujet, s'écouleraient facilement, sinon dans les cantons de Vaud et de Genève, du moins dans le Valais, le Tessin, même en Savoie et surtout en France. Nous estimons qu'il n'y a cependant pas lieu de s'emballer avant d'avoir opéré en petit.

Après les insuccès que nous avons enregistrés, nous nous demandons comment M. F. Pinon et M. Tibbal arrivent à des reprises suffisantes en employant les moyens recommandés ci-dessus. Ces précautions — sauf peut-être celle de laisser la soudure à cinq centimètres au-dessus du niveau du sol (et cependant nous avons toujours soin de ne pas enterrer la soudure) — ces précautions sont celles que nous appliquons pour toutes les greffes, pour toutes les plantations ; jamais, par exemple, nous n'avons planté par moins de +1° C, nous considérons même ce minimun comme beaucoup trop bas dans notre climat.

On a vu qu'une qualité essentielle du *Berlandieri*, est de pousser les greffes qu'il nourrit, à une fructification abondante et — chose curieuse pour une vigne des contrées chaudes — de hâter, *dit-on*, la maturité des produits en la rendant parfaite. C'est ce qui a fait dire à M. Mazade « que le *Berlandieri* devrait être le porte-greffe idéal des raisins de table. »*

---

* Voir P. Gervais, *op. cit.* page 29.
  Voir aussi ce que nous disons à ce sujet dans notre *Contribution à l'étude de la reconstitution*, vol. II.

normale et la production abondante, comme nous le disons plus haut.

Nous avons observé, mais pas toujours, le même phénomène chez les hybrides de *Berlandieri*, tels les 420 A, 420 B, 41 B.

Nous croyons volontiers que le *Berlandieri* a donné des résultats supérieurs au 41 B dans les Charentes en 1909 ; mais les *Berlandieri*×*riparia*, le *chasselas*×*Berlandieri 41 B* nous ont donné, au cours des dernières années, soit à Vevey, soit à Veyrier, et surtout dans les calcaires de l'Hérault (voir expérience N° XIV), des résultats tellement satisfaisants que nous nous demandons si, chez nous et dans l'Hérault, on obtiendra réellement mieux avec un *Berlandieri* pur.

Ce dernier étant une vigne des pays chauds, il conviendra peut-être au Tessin et au Valais qui ont un climat presque méridional, tandis que pour notre région tempérée et dans nos terrains forts et mi-forts (argile glaciaire par exemple), les hybrides de Berlandieri soit le *chasselas*×*Berlandieri* 41 B, soit les *Berlandieri*×*riparia* 420 A, 420 B, 420 C, nous semblent plus indiqués, bien entendu seulement jusqu'à preuve du contraire.

L'aire d'adaptation du Berlandieri nous paraît être assez étendue, s'il croît dans des terrains très calcaires, il prospère également dans ceux qui ne le sont pas. Les terres plutôt sèches, même maigres, semblent lui convenir, à condition que le sous-sol ne soit pas impénétrable. Il est peut-être à même de résister à des excès de sécheresse, mais il sera toutefois bon de procéder à des essais avant de l'utiliser pour des terres présentant ce caractère.

Bien que les essais manquent chez nous, nous

croyons qu'il faut éviter de le mettre dans des terres humides. Nous ignorons quelle serait sa tenue
dans nos fortes terres, mais vu ses racines charnues
et vu le fait que ses hybrides *Berlandieri* × *riparia*
nous y ont donné satisfaction, sa réussite ne parait
pas impossible.

En ce qui concerne le bassin du Léman, nous
croyons qu'il y a lieu d'*essayer,* mais sans y consacrer
trop de frais, ce porte-greffe et de s'en tenir là pour
le moment. Nous ne cacherons pas que les procédés
destinés à faire reprendre les boutures de *Berlandieri*
nous laissent plutôt sceptique [1].

Les *riparia*, les *rupestris* et les *Berlandieri* sont les
seules espèces du groupe des « Américains purs »
utilisées pour le greffage de nos vignes indigènes.
Avant de passer à l'étude des hybrides, nous
jugeons à propos de parler rapidement soit des
vignes américaines, soit des vignes européennes qui
entrent dans leur composition. Nous estimons que
pour juger des aptitudes des hybrides, il est bon de
connaître celles des parents.

4. Vitis candicans.

D'après Ravaz [2].
« Synonymes : *V. Mustangensis* « Buckley, *V. Cari-*
« *bœa* var. *Coriacea* Chapm. d'après E. Durand. »
« *Caractères.* Sarments herbacés, très duveteux
« et côtelés, avûtés, longs. »

---

[1] Il serait intéressant, pour être fixé, de suivre pendant quelques
années les expériences de MM. Pinon et Tibbal.
[2] *Ravaz* op. cit. page 149.

« Bourgeonnement très cotonneux, carminé sur
« les bords. Feuille très cotonneuse entière 3-5-7
« lobée, cordée ou orbiculaire, molle, bullée, à
« bords souvent infléchis en dessous ; dents très
« larges, peu saillantes..... Racines charnues, ten-
« dres, puissantes, gris foncé. »

Plante très vigoureuse.

« Ce qui frappe chez le V. Candicans, c'est l'abon-
« dance du duvet blanc qui recouvre tous les
« organes : feuilles adultes et jeunes, bourgeonne-
« ment, sarments, grappes de fleurs. »

D'après M. Ravaz, le V. candicans est une plante
des régions chaudes qui, grâce à ses feuilles épaisses
et duveteuses et à ses racines charnues craint peu
la sécheresse. Cependant, elle reste plutôt faible
dans les terrains secs et superficiels, tandis
qu'elle se développe le mieux dans les terrains
riches, profonds et frais, ce qui n'a rien d'étonnant,
attendu qu'il en est ainsi pour toutes les plantes.

En France, cette vigne craint le calcaire et se montre vigoureuse dans les sols silico-argileux compacts.

Chez le *Solonis*, que l'on suppose être un hybride
de riparia-rupestris-candicans, le caractère duveteux
de cette dernière espèce se reconnait aisément.

5. Vitis cordifolia.

C'est une des plus grandes espèces de vignes des
Etats-Unis ; c'est aussi, avec le V. rupestris, une de
celles qui s'avancent le plus vers le sud. Aussi com-
munique-t-elle à ses hybrides la faculté de résister
à la sécheresse.

D'après Ravaz[1] : « Synonymes *V. Pullaria* Leconte
« *V. Vulpina* var. *Cordifolia* Regel. »

« *Caractères.* — Rameaux anguleux, glabres ou
« portant des poils massifs ; longs, forts, violacés.
« Stipules courtes, 3-5 mm. environ. »

« Feuille adulte cordée, allongée ; angles des ner-
« vures ouverts, dents plutôt larges ; glabre en
« dessus, pubescente en dessous sur les nervures
« principales, unie un peu bullée, vert franc, bril-
« lante sur les deux faces. »

« Feuilles jeunes glabres, vert jaunâtre ou bron-
« zées s'étalant de suite. »

« Bourgeonnement presque glabre. »

« Grappe longue (20-25 cm.) très lâche, à grains
« ronds, petits, noirs, très colorés à goût spécial
« désagréable. Graine grosse à chalaze arrondie et
« raphé saillant. »

« Tronc fort. Racines fortes, charnues, jaunâ-
« tres. »

D'après le même auteur, elle pourrait rendre des
services dans certaines terres silico-argileuses ou
sèches.

Elle semble, en effet, très bien adaptée aux terrains secs. M. Ravaz cite le fait que chez M. de
Grasset le V. cordifolia ne perdait pas une feuille
en été.

Cet auteur a recommandé l'essai de ce porte-
greffe dans les régions méridionales. Ses hybrides
cordifolia $\times$ *rupestris* et particulièrement *cordifolia*
$\times$ *riparia* restent sains et verts dans les terrains
secs. Toujours d'après M. Ravaz se reprise au bouturage est plutôt mauvaise. Placé dans un terrain

---

[1] *Ravaz* op. cit. page 141.

silico-argileux un peu calcaire, il porte des greffes très vigoureuses.

C'est pourquoi M. Bouisset nous avait recommandé l'emploi du cordifolia dans nos terres d'argile glaciaire (très fortes, contenant une forte proportion de sable fin et se fendant en été) ; or nous avons été satisfait des cordifolia $\times$ rupestris 106—8 dans les dites fortes terres. Les racines charnues et très puissantes du V. cordifolia y sont pour quelque chose sans doute.

6. Vitis labrusca.

Synonymes. V. vinifera sylvestris americana Pluken etc. n'est autre que l'Isabelle.

Caractères, d'après Ravaz[1] : « Vrilles continues. Sarments striés, duveteux ou avec des poils en massue, rugueux, forts. »

« Stipules courtes, entières ou 3—5 lobées ; « angles des nervures généralement grands. »

« Feuille de forme orbiculaire cotonneuse à coton blanc ou fauve, vert foncé mat. »

« Feuilles jaunes cotonneuses. »

« Bourgeonnement cotonneux et plus au moins « lavé. Grappe à grains gros ou moyens, charnus « sucrés, fades et foxés. »

« Graine courte, remplie, à chalaze et raphé « absents. Racines charnues, tendres, nombreuses, « puissantes. Plante vigoureuse à allure rappelant « un peu celle du V. vinifera. »

[1] *Ravaz* op. cit. page 51.

A pénétré en Europe avant le phylloxéra et est connue chez nous sous le nom de Framboisé. Résistance phylloxérique faible, même très faible. Jaunit dans les sols chlorosants, par contre, suivant M. Ravaz, se développe très bien dans les terres siliceuses ou argileuses, compactes et dures grâce à ses puissantes racines.

Porte des greffons fertiles et ses souches greffées sont vigoureuses. Sensible au black rot, peu sensible au mildiou.

Cultivée malgré son goût de fox dans certaines région de l'Europe, en Italie entre autres, Piémont et Lombardie.

Elle résiste à l'oïdium.

En résumé ses qualités sont : Résistance au mildiou et à l'oïdium, facilité de reprise à la greffe que nous retrouvons chez ses hybrides. Sa vigueur n'est pas non plus sans importance. Le *Taylor Narbonne* que nous avons essayé à Veyrier est un hybride de *labrusca-riparia-monticola*.

7. Vitis monticola.

D'après Ravaz[1] « Synonymes : *V. Texana* (Munson) *V. Foexeana* Planchon, *V. Calcicola* Couderc. Vulgo : *Sweet Mountain grape* d'après Bailey. »

« *Caractères* : Sarments anguleux, aranéeux courts, ramifiés, vert violacé ; à l'aoûtement striés et rouge brun. Stipules (3-4 mm.) larges. »

« Feuille adulte orbiculaire, à peu près aussi large

---

[1] Ravaz op. cit. page 136.

que longue ; angles des nervures peu ouverts ; entière, dents anguleuses à côtés égaux ; glabre ou avec quelques poils seulement en dessous ; glabre, unie vert franc, très luisante, nervures colorées en rouge à la base en dessus, épaisse, cassante.

« Feuilles jeunes aranéeuses, très brillantes. Bourgeonnement duveteux rosé. Grappe à grains ronds, petits (10 mm.) noirs ou rosés ; petite, ailée. »

« Graine à chalaze circulaire, raphé proéminent. »

« Habitat : les collines crétacées de S.-W. du Texas. »

Cette vigne paraît réfractaire à la greffe — et son développement aérien est plutôt faible, aussi sa culture comme porte-greffe n'est-elle pas à recommander chez nous. Par croisement avec d'autres espèces, on a cherché à tirer parti de son endurance à la sécheresse et de sa haute résistance au calcaire, que quelques auteurs estiment supérieure même à celle du Berlandieri.

Il serait intéressant d'étudier ses hybrides dans les terrains calcaires et secs des parties chaudes de la Suisse ou de la Haute-Savoie. [1]

----

[1] Des greffes sur un hybride de monticola, le 554—5 (aestivalis-monticola × riparia), ont pendant le printemps si pluvieux de 1910 jauni très légèrement dans une terre mi-forte de Nant (38-40 % de calcaire) mais d'une façon toute passagère, ce qui ne l'empêche peut-être pas d'être très résistante à la chlorose des greffes de rupestris × Berlandieri et même d'Aramon × rupestris No 9 situées à côté n'ont pas jauni du tout.

Par contre des chasselas francs de pieds étaient pâles.

Il s'agissait de circonstances tout exceptionnelles du reste, vu la pluie continue qu'il a fait pendant la première moitié de l'été 1910.

8. Vitis æstivalis.

D'après Ravaz [1]. « Synonymes *V. Sylvestris*, *V. Occidentalis*, *V. Americana* Bertram d'après Bailey, *V. Nortoni* Prince; *V. Labrusca* var. *Aestivalis* Regel et peut-être *Vitis Araneosus* Leconte. »

« Vulgo : Summer grape, Bunch grape, Pigeon grape. »

« *Caractères* : rameaux polyédriques, glabres ou duveteux, vert pâle, peu violacés, *cireux* ; gros, courts, rouge violet à l'aoûtement. »

« Feuille adulte tronquée ; angles des nervures ouverts dents peu marquées ; pubescente et avec un duvet roux, souvent réuni en flocons sur les nervures ; *glauque cireuse* en dessous ; glabre très bullée, gaufrée presque, vert brillant en dessus, épaisse. »

« Feuilles jeunes duveteuses (duvet blanc ou rosé, quelque fois roux). »

« Bourgeonnement duveteux, carminé ou roux). »

« Grappe à grains ronds ou discoïdes, noirs, moyens (10-15 mm.), juteux ; moyenne ou forte, plus ou moins lâche. Graine à chalaze circulaire et à raphé proéminent. »

C'est une vigne des contrées chaudes. D'après M. Millardet, ses hybrides auraient la faculté de résister à la sécheresse.

Résiste au black rot, craint fort peu le mildiou et l'oïdium, pourrait servir de producteur direct, vin de bonne qualité. Il resterait à déterminer si dans nos régions il conviendrait.

[1] Ravaz op. cit. page 118.

Sa résistance phylloxérique insuffisante ne le rend pas intéressant comme porte-greffe, mais ses hybrides se sont fort bien comportés à Veyrier dans un terrain à riparia un peu séchard.

Le rupestris $\times$ æstivalis $\times$ riparia 227-13-21 le rupestris $\times$ hybride Azémar 215[1], l'æstivalis $\times$ riparia 199 — 11 ont été classés dans les 10 premiers et méritent d'attirer l'attention au point de vue d'essais à faire plus en grand. Nous avons cependant, sans conclure, fait au volume II une réserve phylloxérique au sujet du 227 $\times$ 13 $\times$ 21.

9. Vitis Arizonica.

Caractères, d'après Ravaz[1] : « Sarments anguleux duveteux, pubescents, rouge violet, grêles, courts. Stipules $\frac{1}{2}$ cm. de longueur, incolores. »

Feuille adulte cunéiforme, allongée ; angles des nervures un peu ouverts ; dents anguleuses et larges ; pubescente ou aranéeuse, pubescente en dessous. Glabre ou pubescente, presque unie en dessus ; nervures violacées.

« Feuilles jeunes duveteuses, vert-pâle, s'étalant de suite après l'épanouissement des bourgeons. »

« Bourgeonnement cotonneux, rosé. »

« Grappe petite, atteignant au plus 8 c^m, ailée, lâche, à grains ronds, noirs, petits, juteux, à saveur neutre agréable. Graine allongée, à chalaze ovale, raphé très court. »

« Tronc grêle. Racines jaunâtres un peu charnues ».

---

[1] Ravaz op. cit. page 131 et 132.

D'après le même auteur cette espèce est surtout caractérisée par la forme anguleuse de ses rameaux ainsi que par leur villosité.

Vigne d'une région chaude, n'aoûtant pas suffisamment ses bois dans les contrées froides. Peut-être trop peu vigoureuse comme porte-greffe — quand même, fait observer M. Ravaz, on dit que les porte-greffes les moins vigoureux sont les meilleurs, cette opinion n'a pas été justifiée jusqu'ici par les faits. — Sa résistance à la chlorose est supérieure à celle des riparia et des rupestris purs. Ses racines, bien que grêles, sont plus charnues que celles des rupestris. Elle a une résistance insuffisante au phylloxéra dans les terrains secs. Sans intérêt comme producteur direct. (Ravaz, page 132).

II. HYBRIDES

Américo-américains

Sans vouloir le moins du monde déprécier les bonnes variétés de « Franco-américains » dont la résistance phylloxérique a été mise à l'épreuve, nous dirons que lorsque le terrain le permet nous préférons planter un « américo-américain », ceci par surcroît de garantie,

4

1. Les riparia ✕ rupestris

Comme le nom l'indique, ce sont des plantes intermédiaires entre les *riparia* et les *rupestris*. Ils ont des racines moins profondes que les rupestris, moins traçantes et moins grêles que les riparia.

Leur aire d'adaptation est plus étendue que celle du riparia et du rupestris qui ne nous paraissent pas indiqués pour nos terres compactes, dans lesquelles ce dernier, surtout sa variété du Lot, pourrait souffrir du pourridié.

Les *riparia* ✕ *rupestris* que nous avons essayés résistent mieux à la chlorose que le riparia et, sous ce rapport, se rapprochent des formes résistantes du rupestris.

Ils n'ont pas, comme le rupestris du Lot, le défaut de retarder *parfois (nous insistons sur le mot parfois)* la maturité et de pousser trop à bois.

Leurs greffes demandent quelquefois une taille un peu plus généreuse que celles sur riparia ; avec la taille vaudoise, on y arrive sans peine en conservant une corne de plus lors de la formation du cep.

Le riparia ✕ rupestris 101-14

Souche très vigoureuse, rameaux longs et forts, peu ramifiés, droits, un peu striés, glabres d'un rouge vineux. Feuilles unies, plus larges que longues de forme plutôt orbiculaire[1], trilobées à lobes laté-

---

[1] Certains observateurs cependant les trouvent cunéiformes, M. Anken entre autres, nous les taxerions plutôt d'intermédiaire entre

raux indiqués par une dent plus large et plus aiguë, dents anguleuses, d'un vert foncé luisant avec nervures rosées à la base en dessus, d'un vert plus clair avec touffes de poils raides aux angles des nervures en dessous. Feuilles jeunes d'un vert tendre, pliées en gouttière. Bourgeonnement vert clair à peine duveteux. Grappes petites à grains ronds, petits, d'un noir violacé. (Estoppey).

MM. Fœx et Ravaz disent qu'il a jauni autant que le riparia dans les Charentes et le Midi de la France ; il est peut-être, dans ces contrées, moins bien adapté aux conditions naturelles que chez nous où, s'il résiste moins à la chlorose que les 3306 et 3309, il s'est montré sous ce rapport nettement supérieur au riparia.

Dans les cantons de Vaud et de Genève, dans la Haute-Savoie et le Pays de Gex, nous l'avons conseillé depuis 1904 pour les terrains contenant jusqu'à 25°/o de calcaire, par mesure de prudence seulement, alors qu'il a parfois supporté des doses de calcaire supérieures.

Nous serions tenté de lui attribuer une résistance à la chlorose de 5 à 10 °/o plus élevée qu'au riparia.

Cette supériorité, au point de vue calcimétrique, du 101-14 vis-à-vis du riparia ressort aussi de l'enquête faite dans le vignoble vaudois par MM. Faes et Peneveyre. Si, dans la Haute-Savoie, on parait apprécier les 3306 et 3309 autant et parfois plus que le 101-14, cela tient sans doute à ce que dans cette contrée, surtout

les cunéiformes et les orbiculaires. 101×14 a des feuilles qui, comme forme se rapprochent de celles du riparia plus que d'autres riparia× rupestris.

dans la vallée de l'Arve, sur les pentes du Salève, à Frangy, etc., les terrains calcaires sont fréquents, et aussi parce que le 3309 donne un pourcent élevé de reprise au greffage.

Mais nous estimons que dans les cantons de Genève et Vaud, pour les terres fortes ou même très fortes, on a tort de lui préférer le 3306 et le 3309. Dans cette préférence, on se laisse sans doute guider uniquement par la plus ou moins grande vigueur des différents plants, sans tenir compte par la pesée de leurs rendements respectifs.

A Veyrier, dans une terre meuble, relativement sèche par moments, le 101-14 conduit à la taille courte est classé 4e comme rendement et 2e comme maturité parmi 33 porte-greffes (expérience No II). Passent avant lui le rupestris×riparia 75-1, le riparia×rupestris 11 F et le rupestris-æstivalis× riparia 227-13-21 au point de vue du rendement, et le rupestris×riparia 108-103 et un des lots de 3309 comme maturité.

Au point de vue du rendement, il est, dans ce champ d'expériences, somme toute, le premier parmi les espèces répandues jusqu'à présent en assez grande quantité dans la pratique.

Nous croyons qu'à Genève, si on l'observait de plus près, on accorderait à ce plant une place plus grande.

A Nant, en terre mi-forte, il a accusé, en ce qui concerne le chasselas, une tendance à valoir largement les 3309 et 3306.

Il en a été de même aux environs de Vevey en

---

[1] Dans ce terrain il y a eu parfois jaunisse passagère du riparia gloire, mais pas du riparia×rupestris 101-14 (17-40 % de calcaire), le fait était surtout visible au printemps pluvieux de 1910.

terre forte et même très forte (En Paluds, molasse rouge).

À Veyrier, il s'est bien comporté soit greffé en gringet dans une terre d'alluvion caillouteuse et parfois assez sèche, soit greffé en gamay de Vaux dans une terre meuble et fraîche ; dans ces deux derniers cas, c'est la taille double Guyot qui a été appliquée.

À Veyrier également, greffé en piquepoul Bouschet, il a accusé un bon rendement tout en hâtant la maturité de ce greffon méridional.

Si la mondeuse sur 101-14, conduite en double cordon Guyot (expérience Nº IV), obtient une mauvaise note de maturité (note 2), alors que son rendement moyen (3 ans) a été de 0 gr. 739 par pied, cela tient d'abord à la très mauvaise exposition et ensuite à la Mondeuse qui ne peut mûrir ses raisins à cet endroit.

Le 101-14 est-il à même d'accuser des rendements supérieurs à ceux du riparia gloire ou du rupestris (surtout si celui-ci est taillé long) dans les situations convenant à l'un ou à l'autre de ces américains purs? En d'autres termes y a-t-il lieu, pour simplifier, ne ne plus employer — comme on l'a fait dans le canton de Vaud, sans doute en se pressant trop — le gloire ou le rupestris sous prétexte que le 101-14 ou d'autres hybrides vont mieux?

Il est permis d'en douter, lorsqu'on examine les résultats de l'expérience nº III, faite à Veyrier.

Si les endroits dans lesquels il y a lieu de planter des riparia et des rupestris purs se sont à juste titre considérablement réduits, il nous semble que l'on ne doit pas pour le moment, même dans le canton de Vaud, supprimer ces deux plants dans la pratique ; car il est impossible d'être exclusif dans cette question [1].

Le *riparia* ✕ *rupestris* 101-16.

Très semblable comme caractères et aptitudes au précédent. Feuilles trilobées, sinus latéraux supérieurs très peu marqués, cunéiformes, sinus pétiolaire en lyre, aranéeuses à la face supérieure, quelques poils sur les nervures à la face inférieure, feuilles vert-clair, dents aiguës. (Description Anken, fin juin 1910). Il nous a été recommandé par M. F. Bouisset comme étant parfois plus vigoureux que le 101-14. Nous l'avons peu essayé jusqu'à présent.

A Veyrier (expérience n° II,) dans un terrain meuble, parfois un peu sec, son rendement l'a classé 23me sur 33, avant un des lots de 3309 et le 3306 ; il a obtenu la note 3,25 comme maturité, tandis que le 101-14 obtenait 3,63, 3306 = 3,50 et 3309 dans un cas 3,75, dans un autre 3,28. Somme toute il s'est montré bon dans ce terrain. A Nant, dans la pièce dite « Sous l'arpent dur » (expérience n° VIII.) il se tire bien d'affaire dans une terre compacte (poudingues du miocène recouverts d'argile glaciaire).

Ce porte-greffe est intéressant, il conviendrait aux mêmes terres que le 101-14. Nous manquons

---

[1] Les pépiniéristes seraient les premiers à être heureux si on pouvait simplifier la question, plus il y a de variétés et plus la comptabilité, la plantation, la surveillance des ateliers est compliquée. L'étiquetage est une mer à boire.

de données sur sa résistance au calcaire, mais nous pensons qu'il supporterait certainement au moins les mêmes doses que le 101-14.

Faisant double emploi avec celui-ci et ne possédant *peut-être* pas (nous l'avons trop peu essayé pour être affirmatif) une faculté aussi grande de faire fructifier ses greffons, nous estimons inutile de le multiplier pour le moment chez nous autrement qu'à titre d'expérience, pour voir ce qu'il donnera dans les très fortes terres (molasse rouge recouverte de glaciaire sous Blonay ainsi qu'aux environs de la Tour).

Les riparia × rupestris 101

En mélanges souvent difficiles à reconnaître du 101-14, même en feuilles et a fortiori en bois aoûtés, les 101, sans être mauvais, sont loin d'avoir tous la même valeur.

Sachant que fort souvent du 101 ordinaire est vendu, même de bonne foi, à la place du 101-14, nous avons voulu nous rendre compte si réellement il valait la peine de s'entourer dans l'achat du du 101-14 de précautions aussi rigoureuses que celles que nous observions habituellement.

Dans ce but, nous avons placé des 101 en expérience, greffés en fendant vert, dans notre champ d'expériences n° II. à Veyrier.

Alors que le 101-14 y a donné une moyenne par cep de 0,684 gr. avec une maturité notée 3,63 et le 101-16 0,414 et 3,25 ; les 101 accusaient un rendement moyen de 0,297 avec la note de maturité de 3,50. Il est juste de faire remarquer qu'ils ont été plantés en 1904 alors que les 101-14 et 101-16 l'avaient été en 1900 et que placé entre des lignes de ceps adultes ils ont pu souffrir de ce voisinage.

Le riparia × rupestris 11 F.

Le riparia × rupestris 11 F. a été sélectionné par M. Jean Dufour, directeur de la Station viticole de Lausanne, parmi de nombreux semis de riparia × rupestris.

Plants robuste à développement vigoureux, teintés de rouge, glabres.

Feuilles orbiculaires, trilobées à lobes latéraux indiqués par une dent plus large et plus aiguë, dents bi-sériées anguleuses et bien marquées ; ondulées et gaufrées, d'un vert foncé et luisant, nervures rougies à leur base en dessus, pubescentes en dessous. Jeunes feuilles d'un vert tendre, grappes petites à grains noirs.

Se rapproche beaucoup plus du riparia que du rupestris. (Estoppey).

A Veyrier, dans notre champ d'expériences n° II. à sol meuble tantôt frais, tantôt un peu sec, à cause d'un sous-sol (à 50-60 cm.) de cailloux et de sable, alluvions anciennes de l'Arve, il s'est classé 2me sur 33 au point de vue du rendement, il n'est dépassé que par le rupestris × riparia 75-1, il s'y montre donc le premier des plants les plus répandus chez nous. La note de maturité a été en moyenne 3,37, lui donnant ainsi le 5me rang sur 11 numéros de classement, plusieurs variétés ayant obtenu les mêmes notes de maturité. C'est donc un brillant résultat, aussi ce porte-greffe mériterait d'être beaucoup plus répandu.

A quelles terres conviendrait-il ? A notre avis, en tous cas à celles semblables à la terre du champ d'expériences n° II.

D'après M. Fæs[1] il devrait être réservé pour les terres dites de jardin, ni séchardes, ni fortes, ne renfermant pas plus de 20 % de calcaire.

Il résulte de l'enquête faite par MM. Fæs et Peneveyre dans le vignoble vaudois en 1909[2] que ce porte-greffe a donné satisfaction pleine et entière dans de nombreux endroits, si bien que plusieurs correspondants regrettent qu'il n'ait pas été plus répandu jusqu'ici.

A Bursinel, chez M. Ruepp, une plantation âgée de 5 ans, en terre mi-forte, marneuse, renfermant 12 % de calcaire dans le sol et jusqu'à 27 % dans le sous-sol, est vigoureuse et de bonne production.

M. Bessat, de Lutry, écrit que le 11 F. parait être un porte-greffe de valeur.

A Grandvaux, dans une terre légère à sous-sol frais (12 % de calcaire), une plantation âgée de 9 ans a donné en 1908 une récolte de 600 litres à l'ouvrier[3].

Dans le district de Vevey, à Clarens, dans un sol sec et plutôt lourd sur roc de grès (6 % de calcaire) planté depuis 10 ans, il a eu une végétation difficile au début, quelques plants ont dû être remplacés par des mourvèdre $\times$ rupestris 1202. Cette plantation va bien maintenant ; bonne récolte en 1908.

---

[1] H. Fæs et Peneveyre *Guide pratique pour la reconstitution du vignoble vaudois* Lausanne 1906. A. Duvoisin édit., page 24.
[2] Voir Terre vaudoise n° 21, 23 octobre 1909. page 241.
[3] Un ouvrier = 4 ares 50.

A Aigle, il a réussi en sol et sous-sol mi-fort contenant 20 à 25 °/o du calcaire.

A Pompaples, district de Cossonay, dans une terre forte à sous-sol compact (35 °/o de calcaire) âgé de 6 ans, il est vigoureux et porte de bonnes greffes.

M. Fæs conclut en disant : « Le 11 F. Dufour a surtout été planté jusqu'ici dans le vignoble de Lavaux, dans les « terres à riparia » où l'on apprécie en général beaucoup. Il donne toute satisfaction dans les sols qui lui conviennent. D'autre part, malgré sa parenté étroite avec le riparia, il réussit à Pompaples, même en terre forte avec une teneur de 35 °/o de calcaire. »

« D'une façon générale, il y aurait lieu d'essayer sur ces plus nombreux points de notre vignoble, la tenue de cet intéressant porte-greffe. »

Le riparia × rupestris 3309

Plante à racines ramifiées assez charnues ; d'une vigueur peut-être moins grande que le 3306, ses rameaux sont absolument glabres, très lisses, rougeâtre, portant de nombreuses ramifications courtes. Feuilles plutôt petites, orbiculaires, entières, à à sinus pétiolaire profond assez ouvert, unies, d'un vert foncé et luisant, bordées de dents étroites et arrondies, pubescentes en dessous aux angles des nervures, sur ces dernières, quelques poils isolés. Jeunes feuilles arrondies, très luisantes, rappelant nettement le rupestris. Plante stérile. (Estoppey).

L'obtenteur, M. Couderc, croit qu'il a du sang de V. monticola; d'après M, Ravaz « la glaçure de sa feuille en serait une preuve, sa résistance à la chlorose une autre. » Les caractères morphologiques du riparia et rupestris dominent cependant dans cet hybride.

Remarquons en passant que nous avons planté de nombreuses vignes avec du 3309, dans des calcaires de la Haute-Savoie (limite 35 ^{o}/o) et que jamais nous n'avons reçu de plaintes de chlorose au sujet de ce plant ; nous estimerions cependant cette limite un peu élevée et l'indiquerions plutôt entre 30 et 35 ^{o}/o[1].

Le 3309 communique une bonne maturité à ses greffons, il reprend facilement de greffe, mieux que le riparia et le 101-14.

En 1909 et 1910, la plus grande partie des porte-greffes demandés à Genève étaient des 3309.

Toutefois tout en le considérant comme un bon porte-greffe ne poussant pas trop à bois, nous répétons que nous lui préférerions le *101-14* dans les terres où ce dernier peut aller et même le *riparia gloire*. 3309 tient plus du rupestris que du riparia. Autrefois nous lui attribuions une assez forte résistance à la sécheresse. En consultant le détail de certaines de nos expériences (Clapiers près Montpillier (expérience n° 14.), Souvayran à Creuse près Annemasse (expérience n° I) et Veyrier dans la terre meuble d'alluvion parfois un peu sèche (expérience n° II.) nous remarquons que s'il est évidemment indiqué pour des terres superficiellement sèches et

[1] Nous avons cependant vu à Corsier près Vevey, en juin 1910, une jeune plantation sur 3309 atteinte de chlorose assez forte ; mais comme nous l'avons dit plus haut, les pluies continues avaient fait jaunir des vignes européennes franches de pied ; en août cette chlorose avait presque disparu.

un peu caillouteuses, ce n'est qu'à condition
(comme pour le rupestris du Lot) qu'elles ne soient
pas sèches jusqu'au fond.

Aux environs de Vevey, il nous a donné de bons
résultats dans des terres compactes sans excès
d'humidité et mi-fortes.

A Veyrier, dans l'expérience n° II, où tous les
cépages sont conduits à la taille courte, il ne s'est
pas classé parmi les premiers au point de vue du
rendement, seulement 28e sur 33, par contre il
obtient avec le 108-103 la première note comme
avance à la maturité. Il pourrait chez nous prendre la place du rupestris du Lot, dans des terres
graveleuses, légères, terres d'alluvions pas trop
sèches dont la situation ne serait pas suffisamment
bonne pour faire mûrir les raisins des greffons du
Lot.

A Veyrier, le 3309 s'est fort bien comporté, greffé
en Petit Bouschet, gros noir, Mourrastel Bouschet
espèces qui, sans être tardives, sont du moins originaires du Midi et moins hâtives que le Chasselas.

A Chantemerle sur Corsier, greffé en Béquignol,
soumis à la taille courte (alors que ce cépage
demande la taille longue), il a donné des résultats
satisfaisants dans une terre mi-forte, graveleuse,
avec quelques éléments de poudingues du miocène
recouverts d'argile glaciaire, sous-sol humide, mais
sans eau stagnante. (Expérience N° XI).

Le riparia × rupestris 3306

Plante mâle à racines plutôt grêles, assez charnues, d'allure traçante, à port étalé de riparia,

rameaux longs à longues pousses, couvertes de poils très serrés et courts, ce qui le différencie du 3309 dont les pousses sont lisses et glabres, feuilles cunéiformes, trilobées à sinus latéraux à peine marqués, dents bi-sériées bien découpées, gaufrées au centre, unies, d'un vert foncé, pétiole tomenteux, nervures fortement pubescentes à la face inférieure, tandis qu'à la face supérieure elles sont finement pubescentes et rosées à la base. (Estoppey).

L'écorce de ses rameaux est plus épaisse que chez le 3309.

Le *3306* est un hybride de *riparia tomenteux* et de *rupestris Martin*. Il parait convenir de préférence aux terres calcaires un peu fraîches. M. Jallabert, ancien président de la Société d'agriculture de l'Aude, a attiré l'attention sur le fait que le 3306 pouvait supporter une certaine dose d'humidité.

Pendant longtemps, nous l'avons conseillé pour des terres compactes, légèrement humides, et aussi pour des terres meubles, trop calcaires pour le riparia, et évitions de le planter dans des terres un peu sèches ou même sèches superficiellement (terres à rupestris).

S'appuyant sans doute sur ce que M. Couderc attribue au rupestris Martin une résistance à la sécheresse supérieure à celle des autres rupestris (ce que nous sommes tenté d'admettre également), des auteurs ont affirmé que le *3306*, chez nous, se plairait autant dans des terres sèches que dans des terres très fraîches. Nos essais ne nous permettent pas de nous prononcer sur ce point, mais nous ne le nions pas *à priori*.

Le 3306, en pieds-mères, n'aoûtant pas ses bois aussi vite que le 3309, nous avions pensé que ce dernier pousserait ses greffons à mûrir plus tôt que ceux du 3306. Or, nous constatons que, dans nos expériences, le 3306 a toujours obtenu une bonne note de maturité, et ceux auxquels nous l'avons conseillé en ont été satisfaits sous ce rapport.

Cet hybride ne fait pas pousser ses greffons trop à bois, cependant il faudra parfois accorder à ceux-ci une taille un peu plus généreuse que la taille vaudoise non modifiée.

Il a beaucoup été planté dans des terres fortes de la Hte-Savoie et du canton de Genève où il a donné satisfaction; aussi nous nous demandons, vu notre système de taille et nos plantations serrées, si réellement il n'y a pas lieu d'employer, même dans des terres très fortes, à moins que le calcaire soit en doses très élevées, les *riparia* $\times$ *rupestris* de préférence aux *Aramon* $\times$ *rupestris Ganzin* et *1202*.

Dans notre champ d'expériences N° II. de Veyrier, à terre meuble parfois un peu sèche, 3306 n'a obtenu que le 31me rang sur 33 au point de vue du rendement, sa note moyenne de maturité a été 3,50 alors que le 3309 obtenait dans un cas 3,75 et dans un autre 3,28. Le fait que le 3306 n'a donné qu'une récolte moyenne de 0 kg. 263 contre celle de 0 kg 775 du *rupestris* $\times$ *riparia 75-1* ne veut pas dire du tout qu'il n'y ait plus lieu de l'employer, mais semblerait indiquer que cette terre est *peut-être* (?) trop sèche pour lui ; nous ne concluons rien toutefois d'une seule expérience.

A Vevey, en Paluds, dans une terre très forte sans excès d'humidité (plantation faite cependant par temps très humide), le *3306* a été inférieur au 3309 et surtout au 101-14.

A Nant, en terre mi-forte (glaciaire remanié), le

3306 a obtenu la même note de maturité que le
riparia Gloire = 3,50 en fendant vert (101-14 =
3,25 seulement) et, en fendant roux, la même note
que 101-14 soit 3,25. Nous avions donc tort de
craindre un retard à la maturité avec *3306*.

Dans ce champ d'expériences divisé en trois
parties (écartements différents), 3306 s'est montré
quant au rendement dans un cas supérieur au
gloire et au 101-14, tandis que cela a été l'inverse
dans deux autres cas.

La résistance au calcaire parait plus forte que
celle du *101-14* et presque égale à celle du *3309*.
Depuis 12 ans, nous n'avons pas entendu de plaintes au sujet de la chlorose pour le *3306* et nous
l'avons planté dans des terres contenant jusqu'à
35 °/o de calcaire. Il serait plus prudent de fixer la
limite entre 30 et 35 °/o.

Chez M. Souvayran, à Creuse près Annemasse,
côteaux de l'Arve, dans une argile bleue contenant
24-36 °/o de calcaire, il n'a pas eu de chlorose et
s'y comporte bien ; dans la même vigne, en terre
fraîche, sablonneuse (alluvions de l'Arve mêlées
d'argile bleue, 30 °/o de calcaire), il va bien également. Il est de même dans d'autres parties de cette
vigne en terre sablonneuse, non sèche, et en terre
graveleuse (sèche par moments seulement).

2. Les rupestris ✕ riparia

On n'en a pas beaucoup parlé chez nous, parce
que, sans doute, la liste des cépages proposés était
trop nombreuse. Nous étions le premier à désirer

une simplification de ce côté-là et espérions qu'on pourrait y arriver, Or nous voyons que cela ne parait pas devoir être le cas.

Un cépage que nous avait envoyé M. Bouisset en 1899 le *rupestris* $\times$ *riparia 75*[1] créé par MM. Millardet et de Grasset arrive en tête de liste au point de vue du *rendement* dans notre champ d'expériences N° II. de Veyrier ; greffé en fendant vert, il obtient 3,25 comme note de maturité moyenne, ce qui le classe 9me sur 11.

Caractères. Rameaux longs, anguleux, rougeâtres, feuilles plutôt réniformes, larges, trilobées à sinus latéraux peu marqués, dents en deux séries, larges et un peu arrondies, vert foncé mat, pubescence assez forte aux angles des nervures en dessous, nervures rosées à la base et finement pubescentes en dessus. Jeunes feuilles à peine bronzées. Jeunes pousses et pétioles rougeâtres. (Estoppey).

Nous avons demandé de divers côtés des renseignements à son sujet, nous n'avons pu en obtenir ; nous estimons qu'il y aurait lieu de l'étudier sérieusement.

Il n'a pas faibli sous l'action du phylloxéra dans notre champ d'expériences de Veyrier en terrain phylloxéré, et nous ne craindrions pas dès maintenant de le recommander pour des terres meubles pas toujours très fraîches (voir expérience N° II). Il supporte la taille courte, quitte, s'il y a lieu, à le charger davantage par des cornes supplémentaires.

Suivant M. Millardet, les aptitudes des *rupestris* $\times$ *riparia* sont à peu près les mêmes que celles des *riparia* $\times$ *rupestris*, aussi serait-il intéressant d'étudier la tenue du 75-1 dans des terres compactes sans excès d'humidité ou de sécheresse. Nous ne

connaissons pas quelle est sa résistance à la chlorose, il est possible qu'elle soit supérieure à celle
du riparia.

Le *rupestris* × *riparia* 108^{103} (sélection du 108).
Caractères : Rameaux anguleux glabres, verts,
rougis vers les nœuds et brunissant à l'aoûtement.
Feuilles cunéiformes, mais aussi larges que longues,
moyennes trilobées à sinus latéraux peu marqués,
sinus pétiolaire en V très ouvert; dents en 2 séries,
arrondies, larges et mucronées ; unies, vert foncé
glauques, de tendance à se plier en gouttière ;
pubescentes sur nervures avec touffes de poils plus
longs aux angles des nervures principales en-dessous. Jeunes feuilles d'un vert plus clair, un peu
brillantes. Grappes petites et lâches à grains petits
et noirs. (Estoppey).

Dans l'expérience N° II à Veyrier, il s'est classé
6me comme rendement et 1er comme maturité avec
le 3309 (ces deux porte-greffes ont été les seuls de
cette expérience à obtenir la note 3,75). C'est donc
un de ceux qui dans cette expérience ont donné les
meilleurs résultats.

Le 108 (quelle sélection du 108 ?) a été essayé par
M. Wuarin à Cartigny, qui plusieurs fois a attiré
notre attention sur ce porte-greffe. Si nous nous souvenons bien, le 108 de M. Wuarin était placé, chez
lui, à Cartigny, dans un terrain non pas sec mais
assez caillouteux, et donnait toute satisfaction.

On pourrait planter le 108^{103} comme nous l'avons
fait dans une terre meuble assez sèche par moments,
comme celle de notre champ d'expériences n° II.

Désirant savoir s'il conviendrait à d'autres terres,
nous avons écrit à M. de Candolle qui a bien voulu
nous répondre ce qui suit :

5

« Je ne suis pas à même de vous renseigner
« sérieusement. Mon dernier souvenir au sujet du
« 108 date de l'année 1905 sauf erreur ; j'y cons-
« tatai une énorme récolte que je me réjouissais
« de noter après pesée exacte, mais que la pourri-
« ture détruisit totalement en 3 jours !.....[1]

« ... Le terrain où prospère chez moi le 108 est
« fortement argileux.

« Je regrette de ne pouvoir vous en dire davan-
« tage. Recevez, etc.

» L. DE CANDOLLE. »

Nous ne craindrions donc pas d'essayer ce 108[103],
même de l'utiliser dans les terres fortes. Nous ignorons quelle est exactement sa résistance à la chlorose, mais nous pensons qu'elle sera probablement
plus élevée que celle du riparia. A Veyrier ce cépage
a très bien résisté au phylloxéra.

3. Les Berlandieri × riparia

Comme le Berlandieri est une vigne des régions
chaudes, nous nous demandions, il y a une dizaine
d'années, si ses hybrides les Berlandieri × riparia
réussiraient dans nos régions tempérées. Nous trou-
vions toutefois intéressant de les essayer à cause
de leur forte résistance au calcaire et de leur tendance à pousser beaucoup à fruit, dernière qualité
qu'ils ont héritée de leurs deux parents. D'autre
part, M. Bouisset nous recommandait chaudement

---

[1] Evidemment signe d'avance à la maturité.

leur utilisation en nous faisant remarquer que, grâce à leurs racines puissantes et charnues, les Berlandieri $\times$ riparia se tireraient fort bien d'affaire, même dans nos terres compactes, sans excès d'humidité, ainsi que dans les terres argileuses, durcissant et se fendant en été.

Ne connaissant pas quelle serait l'affinité de nos chasselas avec ces hybrides et sachant d'autre part que les Berlandieri $\times$ riparia avaient surtout été employés dans les Charentes où les terres, des plus calcaires, ne sont pas compactes et fortes, nous n'osions pas aller de l'avant, malgré le sentiment de réussite que nous avions.

Il nous avait été donné de constater, lors de la tournée dans les vignobles français organisée par le Congrès de viticulture de Paris, en 1900, chez M. Prosper Gervais, à Lattes, des greffes sur *Berlandieri* $\times$ *riparia* 157[11] qui nous avaient frappé par leur énorme fructification.

En 1899 nous écrivions ce qui suit : [1]

« Le *Berlandieri* est une espèce de vigne des climats chauds qui pousse beaucoup son greffon à fructifier. »

« Les *Berlandieri* $\times$ *riparia* résistent à de très fortes doses de calcaire, jusqu'à 50%, ils poussent beaucoup leurs greffons à fructifier étant donné que ce sont les *riparia* et les *Berlandieri* qui poussent le plus à fruit. »

« Nous avons vu dans le champ d'expériences de Marsville, près Cognac, les *Berlandieri* $\times$ *riparia*, *rupestris* $\times$ *Berlandieri*, *Aramon* $\times$ *rupestris Granzin*

[1] Voir page 14 de Notre réunion de diverses brochures. Pépinière de Veyrier 1904.

No 1, Mourvèdre ✕ *rupestris 1202, chasselas* ✕ *Ber-landieri 41 B* verts et vigoureux malgré 60 % de calcaire très fin. »

Dans la même réunion de brochures nous disions en 1904 : « L'affinité des *fendants verts ou roux* avec les *riparia*, les *riparia* ✕ *rupestris* 101 14, 3309, les *solonis* ✕ *riparia* 1616, les *Aramon* ✕ *rupestris Granzin 1 et 2* et les *Mourvèdre* ✕ *rupestris* 1202 est connue, alors que celle des dits fendants avec les *Berlandieri* ✕ *riparia*, le *chasselas-Berlandieri 41 B*, le *riparia* ✕ *cordifolia 106*[8], les *rupestris* ✕ *Berlandieri* est encore à l'étude. »

Depuis que nous avons ces derniers cépages en expériences, ils nous ont donné satisfaction au point de vue de l'affinité avec les fendants verts et roux. Toutefois nos expériences n'ont encore qu'une courte durée.

Dans ses *Etudes pratiques sur la reconstitution du Vignoble* M. P. Gervais dit page 38 : « Les *Berlandieri* ✕ *Riparia* sont aux terrains très calcaires ce que les *Riparia* ✕ *Rupestris* sont aux sols peu ou moyennement calcaires. M. Ravaz qui les a étudiés en Charente lorsqu'il était directeur de la Station viticole de Cognac les a beaucoup vantés, et j'ai moi-même, à diverses reprises, préconisé leur emploi dans les sols à haute dose de carbonate de chaux. Le grand intérêt qu'ils présentent vient de leurs générateurs : ils apportent une nouvelle confirmation à cette théorie de l'hybridation qui veut que deux espèces américaines, hybridées entre elles, puissent donner naissance à des sujets pratiquement supérieurs à leurs ascendants, parce qu'elle leur confèrent des dons particuliers dont elles-mêmes sont privées. »

« Dans le cas actuel, il s'agissait de créer des individus alliant la haute résistance à la chlorose du *Berlandieri*, à la haute résistance phylloxérique, à la fécondité et par dessus tout à *la facilité de reprise au bouturage du Riparia*. Ce but a-t-il été atteint ? »

« Sur le point le plus important — facilité de multiplication par bouturage — oui, sans contredit : Les *Berlandieri* $\times$ *Riparia* reprennent de bouture sans soins ni procédés spéciaux, dans des proportions se rapprochant beaucoup de celles du *Riparia*, 60 et même 70°/o. Leur utilisation pratique ne saurait donc, de ce chef, être mise en doute ; il faut regarder toutefois à n'employer pour la pépinière, que des bois parfaitement aoûtés. J'ai remarqué à diverses reprises que l'extrémité des longs sarments ainsi que les petites boutures provenant de plants tout jeunes (un an) donnaient lieu à quelques insuccès. »

« Sur les autres points, le résultat a été plus complet encore s'il est possible ; cette lenteur d'évolution que j'ai signalé comme la caractéristique du *Berlandieri* n'existe pas ou n'existe qu'à un faible degré chez les *Berlandieri* $\times$ *Riparia*. Leur développement est normal, leur *précocité de mise à fruit* et leur *fécondité* égale celle du Riparia. J'ai eu l'occasion d'en citer de nombreux exemples, notamment dans mes champs d'expériences des « Causses » à Lattes, où les *Berlandieri* $\times$ *Riparia 157-11* et *34 Ecole* ont évolué *à ce point de vue* exactement comme l'eut fait un Riparia. »

« Les plus connus à l'heure actuelle parmi les *Berlandieri* $\times$ *Riparia* sont les Nos *157-11* de M. Couderc ; *420 A* et *420 B* de MM. Millardet et de Grasset ; — *33* et *34* de l'Ecole d'agriculture de Montpellier. »

Tout en donnant des indications très précises au point de vue des sols où ils ont réussi, M. P. Gervais dit plus loin, page 39 : « On ne connait pas encore parfaitement les aptitudes particulières des divers *Berlandieri* ✕ *Riparia* ; il est clair que tous ne seront pas également résistants à la chlorose ou à la sécheresse, ou à l'humidité, ou encore à la compacité. On commence bien à deviner ces aptitudes, à les pressentir ; mais on ne peut les préciser, parce que les documents nombreux et positifs font encore défaut. »

Une qualité que les *Berlandieri* ✕ *riparia* auraient encore héritée du *Berlandieri* serait de hâter et d'égaliser la maturité des raisins qu'ils nourrissent ; c'est ce qui ressortirait en effet des documents amassés depuis 1900. Aussi, beaucoup d'auteurs considèrent ces hybrides comme des porte-greffes *améliorants ;* M. Faes, entre autres, a attiré plusieurs fois l'attention sur ce point. Nous croyons également à la bonne qualité des produits des greffons sur *Berlandieri* ✕ *riparia* qui, dans nos champs d'expériences, se sont toujours montrés à l'abri de reproches au point de vue poids et maturité. Cependant, nous pensons que seules des expériences conduites en grand, avec vinification à part, peuvent apporter la preuve réelle que les *Berlandieri* ✕ *riparia* sont cause d'une richesse plus grande en alcool et en bouquet des vins produits par leurs greffons. Nous nous demandons, si on n'a pas un peu exagéré ces caractères améliorants ou détériorants suivant les cas, attribués à certains porte-greffes, car nous croyons que la plupart de ceux-ci sont capables de donner de bons produits, pourvu qu'ils soient placés dans un milieu leur convenant, et leurs greffes soumises à une taille appropriée.

Il y a encore de ce côté là de nombreux points à
élucider. [1]

La question de l'aire d'adaptation exacte des
divers *Berlandieri* ✕ *riparia* a fait des progrès ;
nons pouvons citer des terrains qui leur conviennent
parfaitement, ce qui n'implique pas que leur
réussite soit précaire dans d'autres.

Ce que nous pouvons affirmer c'est que plusieurs
Berlandieri ✕ *riparia* supportent parfaitement la
compacité de nos terres à argile glaciaire et y donnent de forts bons résultats. Aussi pourra-t-on
accorder à ces porte-greffes une part importante
dans la reconstitution.

Le *Berlandieri* ✕ *riparia 157-11*

Le *Berlandieri* ✕ *riparia 157-11* a été obtenu en
1889 par M. Couderc en hybridant le *Berlandieri de
Las Sorres* par le *riparia gloire de Montpellier*, dont
les caractères se retrouvent très nettement dans le
feuillage.

Plante de moyenne vigueur, à port rampant.
Rameaux longs, anguleux, un peu aplatis vers les
nœuds qui sont bien développés, vert à peine rosé à
l'état d'herbacé, devenant vert sombre à l'aoûtement.

Feuilles grandes trilobées, à lobe terminal allongé,
cunéiformes, bordées de dents anguleuses et étroites, limbe épais, vert foncé, brillant, ondulé, bullé,

---

[1] Pour notre part, nous avons plutôt remarqué le facteur égalisation
de maturité que celui d'avance chez des Berlandieri ✕ riparia. Ce facteur égalisation, s'il se confirme, sera évidemment d'un bon effet sur
la qualité des vins.

à nervures très marquées, pubescentes à la face inférieure, avec des touffes de poils aux angles.

Jeunes feuilles vert jaunâtre, duveteuses. Bourgeonnement duveteux.

Grappes plutôt petites, assez serrées, à grains ronds et noirs.

La feuille rappelle le *riparia* par la forme, la dentelure et l'ondulation de son limbe, tandis que par l'épaisseur de celui-ci et ses nervures très marquées elle se rapproche du Berlandieri. (Estoppey)

En 1904, nous disions, page 18 de notre réunion de brochures : « D'après ce que nous avons vu sur les pieds-mères que nous avons eu en expériences à Veyrier, les *Berlandieri* × *riparia 420 C* et *157-11* ont un feuillage qui tient plus du riparia que les *Berlandieri* × *riparia 420 A, 420 B* et *34 E*. Or, les vignes qui tiennent beaucoup du riparia, telles que les *riparia* × *rupestris 101-14*, réussissent fort bien dans notre région ; d'où il nous semble que les *Berlandieri* × *riparia 420 C* et *157-11* pourraient être employés lorsqu'on a affaire à une terre à 101-14 contenant trop de calcaire pour ce plant. De plus, nous avons constaté depuis trois ans, sur des plants de Berlandieri × riparia de tous les numéros sortant de pépinière, que leurs racines étaient toujours très fortes, charnues et abondantes, ce qui contribuerait à nous donner confiance dans ces plants. »

Dans son ouvrage sur les *Vignes Américaines* M. Ravaz dit : « qu'il lui semble par suite que « 157-11 peut être cultivé dans tous les terrains, « sauf peut-être dans ceux qui sont caillouteux et « très secs.

« L'aire d'adaptation de ce cépage est très éten-

« due. Il croît vigoureusement dans les terres
« argilo-silicieuses, mais il croît encore très bien
« dans les terres très calcaires quel qu'en soit la
« nature. Dans les craies des Charentes il porte de
« belles greffes ; dans les calcaires du midi de la
« France, soit à l'Ecole de Montpellier, soit aux
« Causses, chez M. P. Gervais, il se maintient
« greffé plus vert que *1202*, dont la haute résis-
« tance à la chlorose est bien connue.

« Il reprend bien à la greffe, seulement assez
« bien de bouture, surtout quand les sarments se
« sont mal aoûtés. C'est là un des défauts de ce
« cépage : dans les régions pluvieuses ou dans les
« terrains frais, il ne donne pas toujours des sar-
« ments de bonne qualité. Les pieds-mères doivent
« être cultivés dans des terrains secs et exposés au
« soleil.

« Les greffes sur 157-11 sont vigoureuses et
« fertiles ne redoutant pas la coulure et mûrissant
« régulièrement leurs fruits. »

D'après M. Gervais[1] « il est possible d'affirmer
pour *157-11* qu'il végète admirablement dans les
sols argilo-calcaires frais, même légèrement humides, tels que ceux des Lattes.

« Ce n'est pas une raison pour qu'il végète bien
dans *ceux-là seulement*, et que dans des terrains
d'autre nature, ou compacts ou secs, il ne puisse se
comporter d'aussi parfaite manière, à telles ensei-
gnes que M. Farcy, professeur d'agriculture dans le
Var, et MM. Tacussel et Zacharewicz, de Vaucluse,
l'ont signalé comme ayant une tenue excellente
dans des coteaux relativement secs. »

---

[1] P. Gervais, op. cit. page 39.

A Veyrier, où nous faisons tous les ans un bon nombre de greffes sur Berlandieri $\times$ riparia 157-11, nous n'avons pas eu à nous plaindre de la non reprise au bouturage [1]; quant à nous, nous considérons comme assez bonnes les reprises soit à la greffe, soit au bouturage. Ajoutons que les pieds mères de *157-11* qui nous donnent notre bois sont dans une terre d'alluvions assez sèche, mais sans excès, située en plaine très légèrement inclinée.

A Veyrier, dans l'expérience N° II, en terre meuble parfois un peu sèche, 50-60 cm. d'épaisseur, *157-11* greffé en *fendant vert* obtient le numéro de classement 20 sur 33, au point de vue du rendement, avec une note moyenne de maturité de 3,13.

A Paluds, près Vevey, en terre très forte, molasse rouge recouverte d'argile glaciaire, asphyxiante, contenant beaucoup de sable fin, il se comporte fort bien et nous nous demandons si dans les terres très fortes du canton de Vaud, il ne pourrait souvent y remplacer les *Aramon* $\times$ *rupestris Ganzin N° 1* et les *1202*. Il n'emballe pas les greffons à bois et hâte plutôt la maturité.

A Nant, dans une terre forte (même très forte), argile glaciaire recouvrant les poudingues du miocène, il nous a donné toute satisfaction et ses greffons nous ont étonné plus d'une fois par leur fructification.

Quoique des expériences locales manquent encore, nous fixerions sa limite d'adaptation au calcaire à 40-50 %.

---

[1] Parce que nous n'employons que des sarments aoûtés.

Berlandieri × *riparia 420 C*

Rameaux longs, côtelés, vert rougeâtre, avec extrêmités d'un brun violacé, à l'aoûtement tout au moins.

Feuilles cunéiformes, 3-lobées, longues, dents larges arrondies ; légèrement pubescentes sur les nervures avec bouquets de poils courts aux angles de celles-ci à la face inférieure ; un peu ondulées, vert foncé, luisantes avec nervures finement pubescentes et teintées de rose à la base, en dessus. (Estoppey).

Hybride obtenu par MM. Millardet et de Grasset ; quelques personnes croient que c'est le *riparia gloire* qui a servi à féconder une variété de *Berlandieri*. Par le feuillage il rappelle davantage le riparia que le Berlandieri.

Nous aurions *à priori* confiance dans cette variété et pensons que si elle a été placée en troisième ligne sur le catalogue de ses obtenteurs, c'est évidemment parce qu'à Montagnac (Hérault), elle s'est montrée la moins vigoureuse des 3 numéros de 420. Mais, chez nous, dans l'aire d'adaptation du riparia (régions tempérées), nous aurions confiance dans les hybrides chez lesquels le sang du riparia semble dominer. A Veyrier, les pieds mères de 420 C sont vigoureux. La reprise à la greffe et au bouturage est bonne. Si cette espèce ne s'est pas répandue, c'est que dans le Midi elle produit moins de bois greffable que 420 A et 420 B, ce n'est pas une vigne de pépiniériste[1]. A Veyrier, *420 C* nous semble produire autant de bois que *420 A*.

---

[1] Cependant, eu parcourant, en 1911, nos champs d'expériences des environs de Vevey, il nous à semblé (cette année à été très sèche) que le 420 C était inférieur au 420 A et au 420 B, il y a donc lieu d'observer encore.

M. P. Gervais a également eu l'obligeance de
nous donner, par lettre du 19 février 1903, les
renseignement suivants sur les *Berlandieri* ✕ *riparia*[1] qu'il serait intéressant d'expérimenter dans
ceux de nos sols qui doseraient plus de 40 %,
quoique à l'intérieur du canton ces doses soient
exceptionnelles, alors que ce n'est pas le cas à
Bossey (Hte-Savoie) et sur certain coteaux de la
vallée de l'Arve entre autres (Hte-Savoie) :

« Je m'empresse de répondre à la question que
vous voulez bien me poser par votre lettre.

« Le *420 C* peut être considéré comme d'une
résistance certaine au phylloxéra ; il est moins
vigoureux et *peut-être* moins résistant au calcaire
que les *420 A* et *B* ; mais il convient comme ces
derniers aux sols calcaires ou très calcaires, à la
condition qu'ils ne soient pas humides.

« Agréez etc., etc. »

Nous pensons cependant *à priori*, réservant encore
notre jugement, que sans supporter un léger excès
de fraîcheur comme *157-11* il pourrait (vu la pré-
dominance du riparia dans ses caractères morphologiques) convenir à des terres un peu plus fraîches
que *420 A* et *B*.

A Veyrier, dans l'expérience N° II, *420 C* obtient
une bonne note de maturité 3,50, soit le 4me rang
sur 11 ; au point de vue du rendement si il est bon
13me sur 33, le 420 B passe cependant avant lui.

En Paluds, près Vevey, en terre très forte les
pieds ont été trop souvent remplacés (la plantation
ayant été faite par le mauvais temps) pour qu'on
puisse le juger.

[1] Voir notre Réunion de diverses brochures, 1904, page 27.

A Chantemerle (Corsier), en terre mi-forte un peu humide dans le sous-sol, assez caillouteuse, bien exposée, il a fort bien mûri ses produits et avec 41 B et 1202 a obtenu la note 5 = maximum. Là, il n'a pas été brillant comme rendement; dans une plantation faite en 1902, son poids moyen par cep a été 0 kg. 212 seulement, alors que *420 A* a donné 0,313 et *41 B* 0,474. Il est vrai que la plantation a été faite par le mauvais temps, ce qui a nécessité le remplacement de beaucoup de pieds.

Quoi qu'il en soit, il semble, pour le moment, inférieur au *420 A* et surtout aux *420 B, 41 B* et *157-11* mais il ne nous paraît pas mauvais.

Quelques mots maintenant sur les Berlandieri ✕ riparia qui, par leur feuillage du moins, paraissent tenir davantage du Berlandieri que du riparia.

Le *Berlandieri* ✕ *riparia 420 A*

Rameaux très longs et vigoureux, anguleux, **verts** rayés de rouge à l'état herbacé, avec nœuds teintés de violet foncé de façon très caractéristique ; d'un rouge brun foncé à l'aoûtement.

Feuille aussi large que longue, plutôt orbiculaire, 3-5 lobée à sinus latéraux peu marqués, lobes latéraux indiqués surtout par une dent plus allongée, sinus pétiolaire profond en V, dents bi-sériées larges et arrondies. Limbe épais, bullé, quelque peu ondulé, d'un vert très foncé et brillant, nervures pubescentes avec aux angles des bouquets de poils longs à la face inférieure. Jeunes feuilles d'un vert tendre, aux nervures portant des poils aranéeux.

Bourgeonnement duveteux et rosé. Ne porte pas de fruit. (Estoppey)

Bonne reprise au greffage et au bouturage.

D'après L. Ravaz, *420 A* paraît encore plus résistant à la chlorose que *1202* mais moins que *420 B*.

Dans tous les sols très calcaires et surtout pour les terres calcaires meubles, superficielles ou profondes, 420 A (comme 420 B) semble devoir résister davantage à la sécheresse que *157-11* et *420 C* à priori. Dans les Charentes (craies et groies), il a donné de forts bons résultats dans des terres plutôt pauvres et sèches sans grande profondeur [1]. Cela n'implique pas sa non-réussite dans des terres compactes, argileuses, sans excès d'humidité.

M. Millardet écrivait, en 1902, que les hybrides de Berlandieri (Berlandieri × riparia, rupestris × Berlandieri) de craignaient ni le calcaire, ni l'argile, ni les terrains pierreux les plus secs, compacts et superficiels. Nous croyons que 420 A peut supporter nos terres compactes à condition qu'elles n'offrent pas d'humidité permanente.

On a parfois constaté que les greffes sur 420 A (comme sur 41 B) dans notre région ne partaient pas fort en végétation durant les premières années, mais que cela n'était que passager. Du reste tous les pépiniéristes ont pu constater que si les greffes d'une année sur espèces à racines charnues *(Berlandieri × riparia, 41 B)* avaient de superbes racines (d'une longueur souvent extraordinaire sur 41 B) leurs pousses étaient plutôt petites, alors que c'est souvent l'inverse pour les greffes sur riparia.

Une fois que la souche est faite, 420 A n'est pas

[1] Voir P. Gervais, *op. cit.* page 40.

trop vigoureux (les autres Berlandieri $\times$ riparia non plus), avec notre taille courte, ce n'est pas un désavantage.

Dans le district de Lavaux, les quelques essais institués avec des 420 A et 157-11 semblent réussir; ces essais sont récents [1].

Nous avons essayé le 420 A :

1. A Veyrier, dans notre expérience N° IV en terre meuble parfois un peu sèche, alluvions de l'Arve, 26 % de calcaire ;

2. A Creuse, près Annemasse, chez M. Souvayran, dans une terre superficielle, maigre, avec beaucoup de cailloux et aussi dans une terre d'alluvions plus profonde, à sous-sol humide par places ; 38-52 % de calcaire ;

3. A Chantemerle, près Corsier, expérience N° XI, en terre mi-forte, graveleuse, avec sous-sol, constitué par des poudingues du miocène recouverts par l'argile glaciaire, assez humide mais sans eau stagnante, 15,5-16, 5 % de calcaire dans le sol et 20-30 % dans le sous-sol ;

4. A Nant, expérience N° VIII (vigne plantée en 1902), en terre très forte, compacte, non calcaire, même formation géologique qu'à Chantemerle ;

5. A Vevey, en Paluds, en terre très forte (assez humide par moments), très argileuse, contenant une forte proportion de sable très fin, non calcaire, molasse rouge, recouverte d'argile glaciaire.

Chez M. Souvayran (récolte non pesée), il reste faible, planté qu'il est, depuis 1905, dans la partie à sol superficiel, alors que dans celle à sol profond et même parfois humide en sous-sol,

[1] Voir *Terre Vaudoise*, du 20 Novembre 1909, N° 23.

par places, il donne satisfaction, mais il a été lent à évoluer.

A Veyrier, expérience N° IV, le *420 A* a bien fait fructifier le *Cabernet Sauvignon,*

A Nant, expérience N° VIII, le *420 A* a bien réussi et nous pouvons en conclure qu'il supportera les terres compactes et y fructifiera bien.

A Chantemerle, expérience N° XI, où il a été planté en 1902, il s'est bien comporté et son rendement sera encore plus régulier dans la suite, car sa récolte a manqué en 1907, sans que nous sachions pourquoi. Son rendement de 1908 0 kg. 644 par pied est fort beau. Nous ne pouvons pas juger, sans plus ample informé, à Chantemerle, des qualités des *420 A* et *C* car ils ont eu beaucoup de remplacements en 1906. Toutefois, en 1908, la bonne tenue de 420 A nous a frappé.

En Paluds, expérience N° X, la plantation a été faite par temps humide, ce qui a augmenté l'asphyxie dans cette terre si tassante, il en est résulté le remplacement de presque tous les pieds de *420 A*, on ne peut donc pas ici juger de lui, toutefois *157-11*, malgré ses mauvaises conditions, s'est encore mieux tiré d'affaire, mais nous sommes persuadé que, puisqu'il a réussi dans la terre compacte de « Sous l'Arpent dur », nos terres assez fortes pourront lui convenir (ce qu'il en sera de terres encore plus fortes reste à voir).

En résumé, 420 A est un porte-greffe dans lequel nous pouvons avoir confiance et nous pouvons le planter soit dans nos terres meubles, soit dans nos terres compactes. Toutes les terres calcaires, à condition qu'elles ne soient ni trop sèches ni trop humides, lui conviennent ; il sera au moins prudent d'éviter de le planter dans ces deux dernières catégories de terres, jusqu'à ce que le temps nous ait donné un nombre de faits plus considérable[1].

Le Berlandieri × riparia 420 B

Rameaux côtelés, aranéeux, vert rosé ne présentant pas la coloration fortement violacée des nœuds si caractéristique du *420 A.*

Feuilles cunéiformes 3-5 lobées, lobes toujours marqués par l'allongement plus grand de leur dent terminale ; dents plutôt anguleuses et larges ; à la face inférieure les nervures sont plubescentes avec un bouquet de poils plus longs aux angles ; à la face supérieure les nervures sont quelque peu aranéeuses surtout à la base ; un peu ondulées, bullées, luisantes, vert foncé.

Jeunes feuilles duveteuses un peu bronzées. Tandis que 420 A est une plante mâle, 420 B porte des petites grappes à grains petits et noirs. (Estoppey).

420 B est considéré comme un bon porte-greffe ; M. Ravaz dit que c'est le *420 B* qui lui a paru le plus résistant au point de vue phylloxérique du

---

[1] Comme nous l'avons fait observer dans une note de notre volume II. dernièrement, à Montpellier, des viticulteurs fort compétents nous ont dit que 420 A, sans être mauvais, ne tenait pas toujours ses promesses ; d'autres viticulteurs, fort compétents aussi, nous ont dit qu'il continuait à leur donner satisfaction. Nous avouons ne pas encore pouvoir prendre position dans ces appréciations. Mais nous estimons qu'il y a lieu de les citer ici. Aura-t-il mécontenté certains viticulteurs d'une façon passagère seulement, c'est ce qu'on verra plus tard. Pour nous, somme toute, il nous a donné satisfaction, mais nous n'avons pas eu l'occasion de le juger comme 420 B, 157 × 11 ou 41 B.

groupe Berlandieri $\times$ riparia, il estime aussi que sa résistance à la chlorose est élevée et qu'elle dépasse celle de *1202* dans la craie tendre.

On a eu plus ou moins la tendance à multiplier davantage le *420 A* que le *420 B*, parce que sans doute le premier en pieds-mères est plus vigoureux.

M. Bouisset nous a conseillé *420 B*, comme du reste 420 A, pour les terres compactes sans excès d'humidité du canton de Vaud.

Nous estimons que greffé avec nos fendants il devient suffisamment vigoureux.

A Veyrier, expérience N° II, en terre meuble parfois un peu sèche, non calcaire, il s'est fort bien comporté et s'est classé 7me sur 33 au point de vue du rendement et n'est dépassé que par les *rupestris* $\times$ *riparia 108-103, riparia du Colorado* ε, *riparia* $\times$ *rupestris 101-14, rupestris* $\times$ *aestivalis* + *riparia 227-13-21, riparia* $\times$ *rupestris 11 F, et rupestris* $\times$ *riparia 75-1*. Comme maturité, il obtient la note moyenne 3,50, c'est-à-dire qu'il est le 4me sur 11 N^{os} de classement.

En Paluds, près Vevey, expérience N° X dans un terrain très fort et non calcaire, les pieds qui ont échappé à la non-reprise (la plantation ayant été faite par un très mauvais temps, et ensuite mildiousée), ces pieds, disons-nous, greffés en fendant sont très beaux, ce qui nous permet d'affirmer qu'on peut le planter dans nos fortes terres.

Les résultats que nous en avons obtenus à Clapiers, près Montpellier, greffés avec de l'Aramon dans un terrain contenant 42-52, 4 % de calcaire et qui, quoique relativement profond, est une véritable rôtissoire comparée aux terres vaudoises, sont si bons que nous pouvons dire que chez nous il résistera probablement à une certaine sécheresse. Nous ne connaissons pas ses aptitudes en terres superficielles.

En tout cas, il vaut à notre avis le *420 A* s'il ne lui est pas supérieur.

Le Berlandieri ✕ riparia 34 E M (Fœx)

Plante vigoureuse, rameaux forts et longs à côtes nettement marquées, tomenteux d'un brun vineux à l'aoûtement surtout aux extrémités. Feuille cunéiforme 3-lobée, lobe médian à dent terminale allongée et incurvée en-dessous, limbe épais à bords légèrement infléchis en-dessus comme son parent le Berlandieri-Ecole ; d'un vert foncé luisant, nervures légèrement pubescentes et rosées à la base en-dessus, d'un vert plus clair et terne avec nervures fortement pubescentes à la face inférieure.

Jeunes feuilles duveteuses, d'un vert clair. Bourgeonnement vert un peu bronzé, duveteux (Estoppey).

Dans les Charentes, à Marsville, M. Ravaz a constaté que *34 E* avait encore mieux résisté à la chlorose que *420 B*.

Vers 1900, M. Guillon constatait que dans les Charentes *34 E* s'était fort bien comporté, peut-être même mieux que *420 A*, et qu'il avait été plus résistant à la chlorose que *420 B* et *157-11*.

M. Gervais dit que ce n'est pas absolument ce qui s'est passé à Lattes, près Montpellier, mais il fait observer que les calcaires de Lattes ressemblent fort peu aux craies de Cognac [1].

Des renseignements que M. Guillon a eu l'obligeance de nous transmettre en 1910, il résulte que la tenue (au point de vue général) de 420 A lui paraît meilleure que celle de *34 E M*, bien qu'il n'ait pas lieu de se plaindre de ce dernier cépage.

Dans une conférence que le regretté M. G. Fœx fit à l'Athénée, à Genève, le 21 novembre 1903, il indiqua le 34 E M pour les terres calcaires de mauvaise nature (craies, travertins, marnes blanches, renfermant plus de 40 % de calcaire).

D'après M. Ravaz, « les terrains calcaires, caillouteux, très secs, lui conviennent peu, de même que les marnes compactes. C'est dans les terres légères, fraîches, superficielles ou profondes, telles que celles qui dérivent de la craie des Charentes ou de la Champagne qu'il se développe le mieux ».

A Veyrier, dans une terre meuble, semblable à celle de l'expérience N° II, mais moins sèche, nous avons en expérience quelques pieds de 34 E M greffés et franc de pieds, ils sont restés assez chétifs. Lui faut-il une terre un peu plus fraîche ou encore moins sèche plutôt? il s'agit là d'alluvions de l'Arve, très bonne terre jusqu'à 60-65 cm, avec gravier et sable en-dessous mais tout de même un peu sèche par moments.

Nous ne proposerions pas d'employer chez nous ce porte-greffe ailleurs que dans les champs d'essais si nous n'avions lu dans l'ouvrage de M. Ravaz [2] ce qui suit à son sujet : « Il reprend très bien à la

[1] P. Gervais, *op. cit.*, page 40.
[2] L. Ravaz, *op. cit.* page 234.

greffe, beaucoup mieux que le *V. Riparia*, à peu près comme le Vialla. Pas de coulure sur les greffes, maturité toujours très bonne et régulière dans tous les sols, production abondante. »

Chacun sait qu'avec le Vialla (qui a été passablement employé dans des terrains granitiques peu phylloxérants du Beaujolais). On obtient une proportion considérable de soudures. Nous n'avons toutefois jamais eu l'idée de proposer ce dernier cépage chez nous, car sa résistance phylloxérique laisse à désirer dans bien des cas.

Si le 34 E M a cet avantage, ceci seul suffirait à le rendre intéressant pour des essais mais, nous le répétons, nous avons l'impression qu'il sera inférieur à 157-11, 420 B et 420 A.

Il semble, en effet, ressortir de nos expériences que, indépendamment de la résistance au calcaire, c'est 157-11 qui est indiqué en première ligne pour les terres compactes et ensuite 420 B et A qui nous paraissent de valeur égale [1]

4. Les rupestris × Berlandieri

Francs de pied, ces hybrides ont une végétation qui se rapproche de celle du *Vitis rupestris*, buissonnante, donnant peu de longs sarments, ce qui fait dire à M. Ravaz que ce ne sont pas des vignes de pépiniéristes.

[1] Disons en passant qu'il existe d'autres hybrides entre Berlandieri et riparia, entre autres les Berlandieri × riparia créés par M. S. Teleki, viticulteur à Fünfkirchen (Autriche-Hongrie) qui sont actuellement à l'étude à la station viticole de Champ de l'Air (Lausanne). Ils sont encore, chez nous, insuffisamment étudiés mais semblent, dit M. le Dr Faes, avoir de l'avenir, voir page 33. Etudes sur les porte-greffes, par le Dr Faes, lib. Payot Lausanne 1910.

Imbus que l'on était autrefois de l'idée que les *rupestris* étaient plus rustiques que les *riparia*, on avait créé les *rupestris* × *Berlandieri* dans l'intention d'avoir des hybrides encore plus rustiques que les Berlandieri × riparia. Ils sont résistants, même très résistants au calcaire, toutefois, comme le fait observer M. Ravaz, les rupestris × Berlandieri connus en pratique, ne sont pas des produits d'hybridation du rupestris du Lot[1], mais de rupestris purs qui, selon lui, résistent moins à la chlorose que le riparia; il en résulte donc que les rupestris × Berlandieri connus en pratique sont inférieurs aux Berlandieri × riparia au point de vue de la résistance à la chlorose. Nous doutons aussi que leur rusticité soit plus grande. (Voir ce que nous disons à leur sujet dans la commentation de l'expérience N° 9 faite à l'Arpent dur à Nant, ainsi que nos généralités sur les rupestris).

M. Ravaz dit que « les rupestris × Berlandieri peuvent être cultivés dans tous les sols calcaires. En raison de la direction plongeante de leurs racines, ils paraissent convenir spécialement aux terres caillouteuses et perméables (comme les rupestris) c'est là que jusqu'ici ils ont donné les meilleurs résultats. »

De certaines années, dans les Charentes, ils ont

[1] M. F. Richter, pépinièriste-viticulteur à Montpellier, vient de créer des hybrides entre Berlandieri et rupestris du Lot, et entre Berlandieri et rupestris Martin.
Nous pouvons citer : le Berlandieri × rupestris du Lot 99 R., chez lequel les jeunes pousses et le bois tiennent du Berlandieri, tandis que les feuilles adultes rappellent le rupestris. Les Berlandieri × rupestris Martin N° 57 A et 57 B.
Un hybride de Berlandieri et rupestris dn Lot ne peut être évidemment que plus résistant à la chlorose qu'un hybride de Berlandieri par d'autres rupestris. Il a aussi bien des chances de se montrer vigoureux.

donné de meilleurs résultats que les Berlandieri
× riparia et ont résisté davantage à la sécheresse ;
cependant cette supériorité ne s'est pas maintenue;
M. Guillon a bien voulu nous adresser à leur sujet,
en date du 19 mars 1900, l'intéressante lettre suivante :

« En réponse à votre lettre du 17 ct, les 301 A
et B rupestris × Berlandieri ont été obtenus par
l'hybridation d'un rupestris pur à feuilles fortement
bronzées avec un Berlandieri à petites feuilles. »

« Il est à peu près certain que 219 A n'est pas
un hybride du Lot non plus. »

« Dans nos champs d'expériences, le 301 A est
supérieur à 301 B et même 301-64, mais est moins
bon que le Berlandieri × riparia 420 A, lui-même
meilleur que 34 E M.

« Il existe un certain nombre d'hybrides de Berlandieri et rupestris du Lot dans nos collections,
mais aucun n'est répandu dans la pratique.

« La dose de calcaire à Marsville atteint jusqu'à
60%..... »

A Nant, expérience N° 9, ils ont été greffés sur
place dans de mauvaises conditions si bien que
l'opération a manqué. Francs de pied, ils végètent
très bien dans une terre très forte. Nous ne pouvons juger de ce que donneraient leurs greffes ;
tout ce que nous avons pu tirer de cette expérience
c'est que les quelques raisins constatés sur greffes
(fendant vert) de 210 A et 301 B ont eu une bonne
maturité en 1908.

Ils résisteront probablement chez nous à 40-
50 % de calcaire.

Le rupestris $\times$ Berlandieri 301 A

Souche de vigueur moyenne à port buissonnant. Rameaux anguleux, portant des poils aranéeux d'un brun rougeâtre à l'aoûtement. Feuilles suborbiculaires 3-lobées, à sinus latéranx peu marqués, pliées en large gouttière suivant la nervure médiane; ondulées, d'un vert foncé, bordées de dents arrondies et larges, nervures envinées à la base en-dessus, pubescentes en-dessous. Jeunes feuilles pliées en gouttière, aranéeuses, luisantes, vert pâle. Bourgeonnement aranéeux, duveleux, un peu bronzé. Grappe petite, lâche, à grains sous-moyens, ronds et noirs.

Le V. Berlandieri domine dans le feuillage. C'est un hybride obtenu par MM. Millardet et de Grasset. (Estoppey).

Au dire de plusieurs auteurs 301 A serait le plus vigoureux des *rupestris* $\times$ *Berlandieri*.

Le rupestris $\times$ Berlandieri 301 B

Souche vigoureuse à port buissonnant. Rameaux anguleux verts, rougis surtout sur les nœuds.

Feuilles orbiculaires larges, trilobées, à sinus latéraux très peu marqués, sinus pétiolaire en V assez fermé. Dents en 2 séries, larges et arrondies, à nervures légèrement pubescentes en-dessous, rougies à la base en-dessus. Jeunes pousses fortement aranéeuses, brun violacé. (Estoppey).

Dans les champs d'expériences de la Station viticole de Cognac, il s'est montré inférieur au 301 A.

Le rupestris × Berlandieri 219 A

Plante vigoureuse à port buissonnant portant des
rameaux assez ramifiés, anguleux, un peu aplatis
sur les nœuds ; rouge violacé, aranéeux surtout aux
extrémités.

Feuilles plutôt petites, plus larges que longues,
à lobes marqués par une dent terminale plus
acuminée ; dents anguleuses bi-sériées, mucronées;
limbe à parenchyme cassant, ondulé, d'un vert
foncé. Sinus pétiolaire en V largement ouvert ;
nervures rosées à la base en-dessus, aranéeuses,
pubescentes en dessous. Jeunes feuilles aranéeuses
un peu bronzées. Bourgeonnement aranéeux vert
bronzé. Grappe petite à grains peu serrés petits et
noirs. (Estoppey).

D'après M. Ravaz, [1] « c'est dans les calcaires très
chlorosants que cette vigne doit être placée. Dans
les terres meubles et fraîches, les riparia-Berlan-
dieri doivent être préférés; dans celles qui sont
caillouteuses, mais perméables, sèches à la surface,
219 A viendra très bien. Dans les graves des Charentes, il porte des greffes très belles, très vertes.
La reprise à la greffe est bonne, — bien meilleure
que sur rupestris ; les souches sont fertiles. Les
sarments s'aoûtent bien, même dans l'Ouest de la

---

[1] Ravaz, op. cit. page 254.

France, seulement ils produisent peu de belles boutures. Le feuillage est sain. »

En résumé, nous ne croyons pas que les rupestris ╳ Berlandieri soient appelés à un grand avenir dans les cantons de Vaud et de Genève, ni dans les parties argileuses des arrondissements de Thonon et de Saint-Julien (Hte-Savoie) et Gex (Ain), mais ils seraient peut-être à essayer dans certaines parties du Valais, en terres calcaires, caillouteuses et profondes, et sur certains côteaux de pareille nature des contrées susnommées, par exemple, Monnetier, Arthaz, Frangy (H^te-Savoie) etc.

5. Les riparia-Monticola

Le riparia du Colorado ε.

Plante de vigueur moyenne à port semi-érigé. Sarments un peu grêles, longs, glabres, lisses.

Feuille cunéiforme, moyenne tribolée à sinus latéraux assez profonds, à lobes plutôt étroits et allongés ; épaisse, vert-clair, luisante à la face supérieure dont les nervures sont envinées à la base, vert-jaunâtre, pubescente sur les nervures avec poils aranéeux aux angles de celles-ci à la face inférieure. (Estoppey).

Les Colorados proviennent d'un semis fait en 1879-80 par M. Millardet avec des graines originaires du Colorado. M. Millardet croyait que les plantes sélectionnées par lui étaient des *riparia* ╳ *rupestris*. D'autres auteurs pensent qu'ils sont le produit d'une hybridation dans laquelle le Monticola serait entré pour une part, si bien qu'ils considèrent ces plantes comme des *riparia* ✕ *Monticola*.

Des plantes issues du semis précité c'est le *Colorado* ε. qui parait la meilleure.

Depuis 1889, à la Grève (Charente inférieure) chez M. Bethmont, il s'est fait remarquer par sa résistance à la chlorose, à la sécheresse et au phylloxéra dans un terrain maigre et superficiel, renfermant 25 à 50 % de calcaire, à sous-sol formé de grosses pierres plates et serrées, dosant de 50 à à 60 % de carbonate de chaux.

A Lattes, chez M. P. Gervais, qui l'a essayé depuis 1890, le *Colorado* ε. a nettement jauni pendant les premières années du moins ; il est vrai qu'il était placé en un point un peu bas, légèrement humide, dosant à peu près 60 % de carbonate de chaux. M. Gervais pense que c'est à cette circonstance qu'il faut attribuer cette chlorose.

A Veyrier, ses pieds-mères ont montré dès le début une végétation très forte qui s'est assagie par la suite, Les greffes sur *Colorado* ε. ont donné dans notre champ d'expériences N° II. une belle production régulière qui l'a classé 5me sur 33. La note de maturité moyenne a été 3,63.

Si ce porte-greffe, qui paraissait devoir jouer un rôle dans la reconstitution de certains terrains calcaires, ne s'est pas répandu dans la pratique, c'est qu'il a été remplacé par les *riparia* ✕ *rupestris* et surtout par les *Berlandieri* ✕ *riparia*.

Sa bonne tenue à Veyrier le rend intéressant, resterait à essayer sa reprise au greffage.

6. Les æstivalis × riparia

L'æstivalis × riparia 199-16

Feuille cunéiforme, quinquelobée, à sinus latéraux, supérieurs très profonds, inférieurs marqués, dents mucronées, grande, glabre, d'un vert sombre. Rameaux rouges, cylindriques. (Anken).

A Veyrier, dans notre champ d'expériences N° II, en terre meuble non calcaire, parfois un peu sèche, nous avons essayé le 199-16 qui a accusé un rendement moyen de 0, kg. 577, le classant 10me sur 33, avec la note de maturité 3,25 le classant à ce point de vue 9me sur 11.

La résistance phylloxérique n'a jusqu'à présent rien laissé à désirer dans ce sol très phylloxéré. Nous pouvons le recommander pour des sols meubles relativement secs. D'après M. Millardet, il viendrait également dans des sols compacts, argileux, même un peu marneux, pourvu qu'ils ne soient ni humides, ni de couleur pâle.

A l'Ecole de Montpellier, M. Ravaz dit[1] que 199-16 a jauni plus que le riparia.

Sa limite de résistance au calcaire reste donc à établir chez nous. La terre de notre champ d'expériences N° II. contient suivant les endroits de 1,5 % à 5,8 % de calcaire, c'est dire qu'elle a été décalcarisée.

Nous ne serions pas étonnés que le 199-16 résiste en sols non humides à des doses de calcaires plus élevées que le riparia, étant donné qu'un hybride

[1] L. Ravaz, op. cit. page 223.

de même composition. l'hybride Azémar a résisté
au calcaire dans un terrain contenant des nodules
de carbonate de chaux tendre. Cependant ce n'est
qu'une hypothèse qui reste à vérifier.

7. Riparia-cordifolia

Les hybrides de ce groupe sont peu nombreux.
Plantes vigoureuses à sarments longs, feuillage
ample, Le système radiculaire est puissant, charnu,
jaunâtre[1]. Suivant M. Ravaz, ils contituent des
porte-greffes de *tout repos* pour les sols qui leur conviennent, terres siliceuses, argileuses, argilo-
siliceuses ou sablonneuse, peu ou pas calcaires,
caillouteuses ou non, maigres ou fertiles, ils craignent la sécheresse. Ce seraient des porte-greffes à
propager.

M. Millardet disait, en 1902, au sujet des *125* :
« ce sont actuellement de tous nos hybrides américains de 1882, les plus remarquables par leur
développement avec le *101-14* et le *106-8*. ».

« Ces hybrides donnent d'excellents résultats
dans les sols ingrats, secs, surtout argileux, dans
lesquels le riparia ne peut venir. Ils portent des
greffes magnifiques et fructifères[2] »

Le *Cordifolia* ✕ *riparia 125-1*

Plante vigoureuse ; rameaux bien développés
anguleux, glabres, vert rosé. Feuille suborbiculaire

---

[1] L. Ravaz, op. cit page 229.
[2] Voir catalogue F. Bouisset 1902, page 5.

large, sinus pétiolaire en lyre, profond, trilobée à lobes indiqués surtout par une dent plus développée, sinus latéraux peu marqués ; dents anguleuses étroites ; pubescente sur les nervures en dessous, ondulée, vert-glauque, légèrement pubescente sur nervures colorées de rouge à la base en dessous. (Estoppey).

La feuille ressemble beaucoup dans sa forme à celle d'un riparia $\times$ rupestris. Aussi M. Ravaz croit[1] que le *riparia* qui a servi de père était allié au *V. rupestris*, le caractère du *cordifolia* se retrouve surtout dans le système radiculaire qui est charnu, jaunâtre, très développé.

Le même auteur accorde à 125-1 une résistance phylloxérique très élevée, il l'exclut des terres calcaires comme résistant moins à la chlorose que le *riparia*. Son aire d'adaptation est restreinte.

C'est un excellent porte-greffe pour terres siliceuses, argileuses et sèches.

Nous avons essayé le 125-1 à Veyrier (expérience Nº II), en terre meuble parfois un peu sèche ; comme rendement moyen il s'est classé 16ᵉ sur 33 et comme maturité il a obtenu la note 3,13 soit le 11ᵉ numéro de classement sur 11.

Comme rendement, 125-1 s'est somme toute bien comporté dans ce champ d'expériences, aussi serait-il intéressant de l'essayer dans des terres plus fortes. Sa maturité moyenne n'a pas été mauvaise, 3, équivalant à assez bien.

Suivant M. Ravaz, 125-1 ne se développe réellement bien qu'à partir de la 3ᵉ année.

---

1 L. Ravaz, op. cit. pages 230-231.

8. Rupestris $\times$ Cordifolia

Cette catégorie de porte-greffes nous a été indiquée en 1901 par M. F. Bouisset, comme pouvant
supporter des argiles compactes non calcaires.

En 1899, M. Gervais nous écrivait qu'ils résisteraient fort probablement à la sécheresse et pourraient peut-être jouer un rôle dans la question si
embarrassante des sols superficiels.

Le *V. cordifolia* est une des grandes espèces de vignes des Etats-Unis et aussi une de celles qui, avec le
V. rupestris s'avancent le plus vers le sud (Millardet).

Les variétés de Cordifolia $\times$ rupestris sont nombreuses; il y en a de naturelles et d'autres créées
par Millardet et de Grasset.

M. Millardet insiste sur le fait qu'ils peuvent
résister à la sécheresse du climat et à l'aridité du
sol, qu'ils sont, par conséquent, indiqués pour la
région méditerranéenne, l'Espagne, le Portugal,
mais que des essais nombreux ont établi qu'ils pouvaient convenir à des argiles compactes.

Leur système radiculaire est charnu, jaunâtre,
à chevelu abondant et à racines principales fortes.
D'allure plongeante elles exigeraient, suivant M. Millardet, des sols de 40 cm. au moins.

Le rupestris $\times$ cordifolia 107-11

Plante vigoureuse à sarments forts et longs, glabres, striés, violacés. Feuille cunéiforme rappelant
celle du *riparia*, mais moins grande, trilobée, sinus
latéraux marqués, dents anguleuses étroites, pubes-

cente sur les nervures à la face inférieure, ondulée, bullée, pubescente sur les nervures rosées à la base en-dessus, jeunes feuilles bronzées et brillantes. Grappe assez grande, à grains ronds et noirs. (Estoppey).

Reprise de bouture et de greffe, bonne.

A Veyrier, expérience II, en terre meuble et parfois un peu sèche, son rendement moyen l'a fait classer 11e sur 33, sa note moyenne de maturité n'est pas brillante : 2,89, toutefois en 1904, 1905 et 1908 il a obtenu la note 4 = bien.

A Nant et à Vevey, il a également obtenu jusqu'à présent la note 4.

A Nant (expérience VIII), en terre forte non calcaire, argileuse, les pieds ont dû être remplacés, parce qu'une année et par suite d'une erreur, les greffes (encore jeunes) n'ont pas été sulfatées. Nous n'avons donc pas pu juger de la valeur de ce porte-greffe dans ce cas-là.

A Paluds (expérience X), en terre très forte, non calcaire, il en a été de même, par suite du tort qu'on a eu d'exécuter la plantation par la pluie, il a fallu remplacer tous les pieds.

Somme toute, ce plant serait à essayer plus en grand dans nos terres argileuses et nous ne craindrions pas de l'employer en pratique directement[1]. Nous estimons aussi que les hybrides de rupestris $\times$ cordifolia et de riparia $\times$ cordifola ont été trop laissés de côté. Ils seraient intéressants à essayer dans le Valais ou le Tessin, dans des terrains peu calcaires.

---

[1] En 1911 (année très sèche), nous avons été frappé de la bonne tenue du 107-11 dans les terres fortes de nos champs d'expériences de Paluds et de « Sous l'Arpent-dur », environs de Vevey.

9. Rupestris — cinerea

Les rupestris — cinerea sont des hybrides naturels généralement sensibles à la chlorose qui peuvent rendre des services dans des terres silico-argileuses compactes ou encore caillouteuses et sèches. Citons entre autres :

Le *rupestris* ✕ *cinerea de Grasset* (Millardet)

Plante de vigueur moyenne. Rameaux plutôt grêles, anguleux, pubescents, rougeâtres. Feuille orbiculaire presque entière, à sinus latéraux à peine marqués, dents mucronées, arrondies et larges ; pubescente sur les nervures à la partie inférieure bullée, brillante, vert foncé (Estoppey).

M. Millardet écrivait en octobre 1902 « qu'il avait planté cet hybride dans des argiles marneuses et calcaires d'un blanc bleuâtre, d'assez mauvaise qualité appartenant à l'étage miocène. Il s'y comportait parfaitement, tandis que sur plusieurs centaines de *rupestris ordinaires*, placés autour, un nombre assez notable est resté médiocre et a présenté chaque année un peu de chlorose. »

Chez feu le Dr Davin, ajoute-t-il, à Pignans (Var), il s'est montré plein de verdeur dans un tuf blanc humide où tout jaunit, ce qui lui a fait donner par ce dernier le nom d'*antichlorose. A Beaufort, dans le Jura, cet hybride se comporte à souhait dans les marnes blanches du Lias, qui sont, comme on sait, de reconstitution difficile.* [1]

1 Voir Catalogue de F. Bouisset 1902, page 6.

Beaux bois, reprise de boutures 70-80 %.

Dans une lettre en date du 8 mai 1910, M. Bouis-set nous érit ce qui suit :

« ..... Quant au rupestris ✕ cinerea de Grasset c'est une sélection faite par M. de Grasset dans un envoi d'Amérique, mais ce n'est pas un rupestris pur, comme son nom l'indique. MM. Millardet et de Grasset l'ont cependant reproduit ce qui a confirmé le nom donné. Car comme vous le savez, le cinerea n'est pas comme le cordifolia et le Berlandieri qui ne prennent de boutures qu'avec des soins extraordi-naires, pas pratiques, et M. Millardet en hybridant ces trois types, leur a donné, en conservant le sang, la facilité de reprise par l'hyridation.

« Le rupestris ✕ cinerea a une adaptation parti-culière pour les terrains humides et est aussi un bon porte-greffe..... »

Nous n'avons essayé le rupestris ✕ cinerea qu'à Veyrier (expérience II) dans une terre meuble un peu sèche, non calcaire ; il s'y est assez bien com-porté, son rendement moyen par cep a été 0 kg. 474, il est classé ainsi 16e sur 33, au point de vue de la maturité il arrive 8me sur 11.

Sa résistance à la chlorose et sa tenue dans nos fortes terres (probablement bonne) resteraient à étudier.

On pourrait dès maintenant l'employer dans terres à rupestris non calcaires. Il pourrait rendre des services en terrains secs et serait à *essayer* en sols superficiels,

10. Labrusca × riparia

Le Taylor

Plante vigoureuse à port étalé. Rameaux longs,
de moyenne grosseur, rayés de brun clair et vert à
l'état herbacé, d'un brun clair avec nœuds envinés
à l'aoûtement. Feuille cunéiforme trilobée, à sinus
latéraux marqués, glabre, épaisse, creusée en
entonnoir vers le point pétiolaire, luisante, vert
foncé avec nervures envinées à la base en-dessus,
d'un vert plus clair en-dessous. Dents anguleuses et
larges. Jeunes feuilles glabres d'un vert plus clair.
Bourgeonnement vert clair avec quelques poils
aranéeux. Grappes petites, compactes, à grains
ronds, petits et rosés. (Estoppey).

Le Taylor offre une résistance assez grande au
calcaire, plus forte que celle de vignes du même
groupe, c'est pour cela que M. Ravaz en conclut :
« qu'une autre espèce à résistance à la chlorose
élevée, doit être pour une faible part un de ses générateurs, et cette espèce serait le V. Monticola que
je n'en serais pas étonné. [1] »

D'après le même auteur il y avait en 1902 des
vignes greffées sur Taylor âgées de 28 ans encore
très prospères. A Clapiers, près Montpellier (Hérault)
nous avons aussi remarqué une vigne âgée de chasselas sur Taylor se portant très bien.

Toutefois, cette espèce a été abandonnée presque
partout, parce qu'elle a souvent faibli sous l'action
du phylloxéra.

1 L. Ravaz, op. cit. page 183.

Toutefois, il nous semble qu'elle pourrait jouer, surtout son semis le Taylor-Narbonne, un certain rôle dans des hybridations.

Le Taylor-Narbonne. — Cet hybride est considéré d'après son extérieur et sans preuves positives, comme un hybride naturel de *Labrusca* × *riparia* × *Monticola*.

C'est surtout sa haute résistance à la chlorose qui fait penser que le *V. Monticola* est un de ses générateurs. Selon M. Ravaz, il supporterait sensiblement les mêmes doses de calcaire que le *3309*.

Caractères. — Plante vigoureuse à sarments longs un peu grêles, glabres, vert rosé. Feuille cunéiforme, 3-5-lobée à sinus latéraux profonds, le supérieur bien ouvert en forme de lyre, dents en 2 séries bien marquées, anguleuses, ondulée, boursouflée, vert foncé, nervures finement pubescentes et rosées en dessus, et pubescentes en dessous. Ne porte pas de fruit. (Estoppey)

Son bois mûrit bien partout.

D'après M. Gervais [1] « il semble posséder la faculté de végéter dans certains terrains de sable inerte composés de silice pure, tels qu'il s'en rencontre dans le Saumurois, et où les autres porte-greffes essayés jusqu'alors ont échoué. »

Il nous avait été envoyé en 1899 par M. F. Bouisset. Nous l'avons essayé à Veyrier (expérience II) dans une terre meuble parfois un peu sèche, non calcaire. Observé pendant 6 ans il a donné une récolte moyenne par pied de 0 kg. 357, le classant ainsi 24me sur 33, ce qui n'est pas brillant. Toutefois, le 1616, le 3306, l'Aramon × rupestris Ganzin

---

1 P. Gervais, op. cit. page 48.

N° 2 viennent encore après lui et pourtant ce sont de bons porte-greffes. Du reste il y a des années où son rendement n'a pas été mauvais du tout ; c'est ainsi qu'en 1902 il a donné 0 kg. 600 par pied ; en 1905 : 0 kg. 700 ; en 1906 : 0 kg. 425 et en 1908 : 0 kg. 485.

Le 9 mars 1910, M. Anken a bien voulu examiner ses racines au point de vue phylloxérique, il n'y a pas constaté de tubérosités. Ce moment de l'année, il est vrai, n'est pas propice pour un tel examen. Sa production moyenne de 1908 semble indiquer qu'il n'a pas faibli.

Le Taylor Narbonne nous semble plus intéressant que nous ne l'aurions cru, ceci dit sans vouloir en rien exagérer ses aptitudes.

Son affinité avec le chasselas est *bonne* (sa note de maturité a été 3,50 et le classe 4me sur 11).

Le fait qu'il montre une bonne végétation dans des terres de silice pure le rend intéressant à *essayer* chez nous où les terres d'origine glaciaire contiennent beaucoup de sable fin.

Nous estimons qu'il n'est pas à mettre de côté sans plus ample informé.

HYBRIDES AMÉRICO-AMÉRICAINS COMPLEXES
OU PROBABLEMENT COMPLEXES

11. Riparia $\times$ rupestris $\times$ candicans

Le Solonis

C'est une vieille connaissance en France et même
à Genève et dans la Haute-Savoie il a rendu des
services, quoi qu'on en ait dit.

Plante de vigueur moyenne. Rameaux aranéeux,
pubescents, à mérithalles plutôt courts.

Feuille adulte grande très large asymétrique,
trilobée, à sinus latéraux peu marqués, sinus pétiolaire très ouvert formant presque une ligne droite,
dents en deux séries, anguleuses très étroites,
tomenteuse, fortement pubescente sur les nervures
en dessous, aranéeuse avec nervures finement
pubescentes et rosées à la base en dessus. Limbe
uni, vert-pâle. Bourgeonnement duveteux blanc.
Grappes petites à grains petits, ronds, noirs, jus
coloré. (Estoppey)

A l'encontre des auteurs français, certains auteurs
américains font du Solonis une espèce à part.

Planchon en faisait une variété du Vitis riparia,
Millardet le considère comme un hybride complexe
de riparia $\times$ rupestris hybridé par V. candicans et
V. cordifolia.

« Les caractères [1] les plus importants qui per-

---

[1] Citation de Millardet faite par M. Ravaz dans son ouvrage sur
« *Les Vignes Américaines* » page 319.

mettent d'affirmer sa parenté avec le V. Rupestris
sont les suivants : — brièveté des entre nœuds et
étroitesse de la moëlle ; — port des feuilles sur les
jeunes rameaux ; — nervure médiane des feuilles
recourbée en faux de haut en bas ; — largeur considérable du limbe et amplitude du sinus pétiolaire ;
— largeur transversale des coupes du pétiole et des
nervures secondaires ; — petitesse de la grappe ;
— forme trapue et couleur claire des graines ; —
oblitération plus au moins complète de la chalaze.

« Mais pour qui connaît bien les V. Rupestris et
Riparia il y a dans les Solonis des caractères qui ne
se retrouvent ni dans l'une ni dans l'autre de ces
deux espèces et qui m'ont fait dire qu'un troisième
type avait pu intervenir encore dans la formation
de notre hybride. »

« Ces caractères sont : la grande quantité de poils
laineux blancs sur les jeunes pousses et sur l'axe
principal de la grappe, poils qui se retrouvent sur
les mêmes organes adultes, mais moins serrés ; —
l'effacement des stries du pétiole, — le volume considérable de la graine et la forme subbilobée de
son extrémité supérieure ; — la facilité moins grande
du bouturage que celle des V. Riparia et Rupestris ;
enfin la sensibilité des radicelles aux piqûres du
phylloxéra. »

« Tous ces caractères sont complètement étran-
gers aux V. Riparia et Rupestris. il se retrouvent
ainsi que je l'ai indiqué plus haut pour quelques-
uns dans la description, chez le V. Candicans. Il me
semble donc tout à fait certain que cette dernière
espèce a concouru. avec le *Riparia* et le *Rupestris*, à
la formation du *Solonis*. On sait du reste qu'elle
habite l'Arkansas, ainsi que les deux précédentes,

c'est-à-dire la région dont le Solonis semble être originaire, et qu'elle fleurit en même temps que le V. Rupestris.

« Ainsi se trouvent éclaircis deux faits jusqu'ici inexplicables dans cette variété, à savoir : sa sensibilité au phylloxéra plus grande que celle des *V. Rupestris* et *Riparia* vrais et sa reprise de bouture plus difficile que chez ces deux mêmes types. Il est incontestable que le *Solonis* est beaucoup plus rapproché du *V. Riparia* que des *V. Rupestris* et *Candicans*. Cela peut tenir à la manière dont les croisements entre ces espèces ont eu lieu. Un hybride de *Rupestris* et *Candicans* fécondé par *V. Riparia*, produirait vraisemblablement déjà quelque chose de très analogue au *Solonis*. Mais il pourrait y avoir eu deux fécondations successives par le *Riparia*, de telle façon que l'hybride ne contiendrait plus qu'un huitième de sang du *Rupestris* et autant de *Candicans*, pour six huitièmes de sang du *Riparia*. »

M. Ravaz dit [1] qu'il est certain qu'il y a du sang de V. riparia dans le Solonis, il est entre autres presque impossible de distinguer le système radiculaire du Solonis de celui d'un riparia ; qu'il communique en outre, comme le riparia, la fertilité à ses greffes, mais qu'il est évident qu'une autre espèce au moins entre dans sa composition. M. Ravaz se demande quelle est-elle ? Il ne nie pas que ce soit le V. candicans et dit « peut-être » ; mais il fait observer que le V. candicans aurait donné au système radiculaire une carnosité qui lui manque tout à fait. Que d'autre part le Solonis est assez résistant au calcaire et que le V. candicans au lieu d'augmenter la résistance à

[1] L. Ravaz, op. cit. page 320.

la chlorose du riparia l'aurait diminuée. Il estime
en outre que l'intervention du rupestris est peu
apparente.

M. Ravaz est tenté de croire qu'au lieu des
V. candicans et rupestris c'est le V. Arizonica qui
dans le Solonis est allié au V. riparia.

Le Solonis se trouve en Amérique sur les ravins
ou le long des rivières.

Il est vigoureux comme un bon riparia ; sa résistance phylloxérique, surtout dans les terrains secs,
a laissé à désirer.

Il a rendu toutefois des services dans des terrains
mouillés (à eau stagnante), en rend encore parfois,
quoique le plus souvent on puisse le remplacer par
1616 (solonis $\times$ riparia) de Couderc ou *202 (solonis $\times$ cordifolia $\times$ riparia)* de Millardet et de Grasset
ou si l'eau n'est pas stagnante par le *3306*.

Une qualité qui ne le fera pas oublier, c'est que
comme le fait observer M. Gervais, il peut résister
à l'action du sel marin et qu'avec lui on a reconstitué, aux environs de Narbonne et de Montpellier,
des espaces considérables situés sur d'anciens
marais salants.

Il ne serait pas très indiqué pour des terrains
très compacts.

Nous n'oserions évidemment pas nous fier à la
résistance phylloxérique du Solonis, il y a bien des
cas où elle s'est montrée insufisante. Toutefois, il y
en a d'autres où ce cépage nous a étonné ; à Clapiers
(Hérault), nous possédons une vigne greffée sur
Solonis depuis une vingtaine d'années, située en
bon terrain, à sous-sol un peu frais, mais sans eau
stagnante.

Nous ne citons pas ce fait pour généraliser ou

réhabiliter le Solonis, loin de là, mais pour faire
ressortir combien sont parfois capricieuses les questions de résistance, d'adaptation, etc. et pour expliquer aussi à nos lecteurs qu'on ne peut toucher à
ces questions sans avoir l'air de se contredire.

Seules des expériences de longue durée répétées
sur un grand nombre de points permettent de
résoudre ces questions dans lesquelles tant de facteurs différents entrent en jeu.

Si nous nous sommes étendu longuement sur
le Solonis, c'est qu'on a cherché à tirer parti de ses
qualités par l'hybridation.

Au dire de quelques-uns les greffes sur Solonis
donneraient des produits qui seraient loin d'être
dépourvus de sucre, ce qui contribuerait à inspirer
confiance dans les hybrides de Solonis (le 1616 par
exemple).

A Veyrier (expérience N° II), en terrain meuble
assez sec, pas calcaire, le Solonis reste bien en
retard comme rendement et comme maturité, sans
que celle-ci soit mauvaise, elle n'est que possible.
Le Solonis ne passant pas pour retarder la maturité
de ses greffons, nous en avons été étonné. Pensant
que ces deux mauvaises notes étaient dues au phylloxéra — ce terrain étant très phylloxéré — nous
avons fait un examen des racines pour constater si
elles portaient des lésions.

Après examen à la loupe et au microscope.
M. Anken n'a rien trouvé de semblable. Il est vrai
que cet examen a été fait en mars 1910, à une époque de l'année où le phylloxéra est peut-être trop
profondément dans le sol pour qu'on puisse en
trouver. Cette époque est peu favorable à l'examen
des nodosités.

Dans un terrain ainsi phylloxéré, le Solonis aurait dû, semble-t-il, succomber depuis longtemps ; d'autres porte-greffes placés dans le même champ, tels *227-13-21, 143 A, gamay Couderc* (ce dernier en petit nombre) portent des lésions très caractérisées.

Plus loin dans de l'argile glaciaire, des pieds de Solonis greffés en gringet (conduits à la taille double Guyot) paraissant chétifs, nous les avons fait examiner à la même époque par M. Anken qui n'a rien remarqué de suspect sur leur racines. Il est possible que dans ce dernier cas cet affaiblissement soit dû à la compacité du sol ; il sera donc prudent, jusqu'à plus ample informé, de ne pas planter de *1616* dans des sols trop forts.

Le rendement de ces pieds de gringet sur Solonis (plantés en 1900 dans une argile glaciaire avec eau stagnante dans le sous-sol) aurait pu être plus mauvais : 0 kg. 408 en moyenne (0,523 en 1908) si l'on tient compte que le gringet est moins productif que le fendant.

Dans l'expérience n° IV, le Frankenthal sur Solonis planté en 1900, conduit en double Guyot, a rapporté 0 kg. 400 en 1908 ; la note de maturité est 0, attendu que le Frankenthal est un cépage très tardif ne pouvant arriver à maturité chez nous. Là encore le phylloxéra n'est pas entré en ligne de compte. Ces pieds greffés en Frankenthal sont placés en terre meuble assez caillouteuse, sans eau stagnante, plus profonde que celle de l'expérience II.

Le Solonis × riparia 1616

C'est un hybride créé par G. Couderc qui cher-
chait à conserver les qualités du Solonis tout en
augmentant la résistance au phylloxéra.

Caractères. — Ses rameaux vigoureux sont plus
longs, plus forts, moins ramifiés que ceux du Solonis, tomenteux avec poils aranéeux, vert rosé. Ses
jeunes rameaux sont très aranéeux. *Feuilles* grandes
à sinus très ouvert rappelant beaucoup celles du
Solonis, dents longues, anguleuses et très étroites,
ondulées, unies luisantes, vert foncé, pubescentes
sur les nervures qui, à la partie supérieure, sont
rosées à la base. *Jeunes feuilles* aranéeuses vert pâle.

Bourgeonnement duveteux blanc.

Grappes courtes à grains noirs et petits. (Estoppey).

Le 1616 a hérité des caractères de ses deux
parents, cependant dans l'allure générale, il rappelle énormément le Solonis.

Le *1616* est un porte-greffe qui a une bonne
affinité avec le fendant [1]. En Saône-et-Loire et Côte-
d'Or [2] il a donné de bons résultats lorsqu'il était
bien adapté.

M. Gervais a remarqué entre autres, qu'en Bourgogne les greffes sur *1616* bien adapté, étaient
très vigoureuses et surtout bien fruitées [3].

Cet hybride a toujours été indiqué comme conve-

---

[1] Fait signalé par MM. Dufour et L. de Candolle.
[2] Culture de la vigne en Côte-d'Or, par Durand et Guicherd.
[3] P. Gervais, *op. cit.* page 43.

nant aux terres meubles ou même un peu compactes, fussent-elles humides et plus calcaires que les
terres à Gloire. En 1904, nous lui avons attribué
chez nous et pour des terres très humides, compactes ou pas, une résistance probable à la chlorose
pour des doses de calcaire de 25 à 30 %[1]. Aujour-
d'hui nous ne croyons pas devoir modifier cette
limite.

Nous avons essayé le *1616* dans notre champ
d'expériences II à Veyrier, en terre meuble, non calcaire, parfois assez sèche. Si la maturité de ses
produits a été bonne, le rendement n'a pas été brillant ; il a été classé 27e sur 33. Peut-être a-t-il été
gêné par la sécheresse du sol qui là n'est excessive
que dans certaines années.

Nous l'avons essayé également en Paluds, près
Vevey (expérience X), en terre très forte conservant
longtemps l'humidité et se fendant en temps de
sécheresse. Cette plantation a été faite, nous l'avons
déjà dit, par un temps très mauvais, et en outre
mal soignée les premières années par les vignerons. Il était à prévoir que le *1616* souffrirait
de la compacité extrême du sol, étant donné
que son système radiculaire se rapproche de celui
du Gloire et du Solonis qui n'ont pas de racines
charnues. Il a été dépassé par d'autres espèces
(157-11 entre autres) et ne s'est guère montré brillant. Toutefois il a moins souffert que nous l'aurions
supposé.

A Chantemerle (expérience XI), en terre mi-forte,
assez caillouteuse (argile glaciaire avec quelques
éléments de poudingues) à sous-sol frais mais sans

---

[1] Voir notre Réunion de diverses brochure, 1904.

eau stagnante, calcaire 5-30 °/o, la plantation a été faite par temps pluvieux.

Pendant les mois qui ont suivi la plantation on pouvait voir de loin que les lignes plantées avec 1616 étaient plus vigoureuses que les autres, attestant ainsi la résistance à l'humidité de ce portegreffe. En consultant le tableau de rendement de cette expérience on voit que ce sont les greffes sur 1616 qui ont produit le plus. La maturité a été bonne sans être supérieure à celle des autres variétés.

Nous indiquerons donc le 1616 pour des terres mi-fortes ou légères, contenant de 20 à 30°/o de calcaire. Eviter les terres sèches, même lorsqu'elles ne le sont pas à l'excès.

Nous avons cependant le sentiment que *1616* sera dépassé dans les terres non humides par d'autres porte-greffes ; quoi qu'il en soit nous le considérons comme bon.

Les racines supporteraient-elles aussi bien l'eau stagnante que le Solonis ? Nous ignorons d'autre part quelle est sa résistance au sel marin.

Le *Solonis* × *riparia 1615* Couderc

Comme caractères ressemble beaucoup au *1616*. Tandis que ce dernier est tomenteux, le *1615* est glabre[1]. Ses aptitudes sont les mêmes ; il a donné de bons résultats en Saône-et-Loire et Côte-d'Or.

A Veyrier, le 1615 a bien fait mûrir les raisins

[1] P. Gervais, *op. cit.* page 43.

qu'il nourrissait, sa production par suite d'oubli n'a pas été pesée.

Le Solonis ⨉ *cordifolia — rupestris 202-5*

C'est un hybride obtenu par MM. Millardet et de Grasset. M. Millardet disait, en octobre 1902, que les 202 paraissaient convenir de préférence aux sols argileux ou légèrement marneux [1].

Le *202-5* serait intéressant à essayer chez nous, vu la bonne tenue des hybrides de cordifolia (le 106-8 surtout) dans nos fortes terres. Il semblerait indiqué pour les terres humides présentant une compacité trop grande pour les ⨉ *Solonis riparia 1616* et *1615*.

12. Les Riparia — rupestris — cordifolia

Le riparia ⨉ *cordifolia — rupestris* de Grasset *106-8*

(Millardet et de Grasset)

Plante vigoureuse, à sarments longs, peu ramifiés, glabres, vert rosé. Feuille cunéiforme, trilobée à sinus latéraux marqués, dents légèrement mucronées, anguleuses et étroites ; nervures teintées de rose violacé à la face supérieure et pubescentes en

---

[1] Voir Catalogue F. Bouisset 1902.

dessous, surtout aux angles ; limbe ondulé et plutôt uni, vers foncé. (Estoppey)

Grappes courtes à grains petits et noirs.

C'est un hybride complexe à demi-sang de riparia, quart de sang Cordifolia et quart de sang rupestris. C'est aussi le riparia qui domine dans toute la plante.

Reprend bien de bouture et de greffe.

M. Bouisset nous avait recommandé le riparia × cordifolia — rupestris de Grasset comme pouvant convenir à des terres fortes argileuses se fendant par la sécheresse, car, disait-il, ses racines ont une grande force de pénétration.

D'après M. Ravaz, cette plante ne résiste pas au calcaire, il se trouve d'accord avec M. Gervais pour la placer dans des terres silico-argileuses qui deviennent dures et sèchent vite après les pluies, de même que dans les terres caillouteuses non calcaires. C'est là, dit-il en effet, sa vraie place.

M. Millardet disait, en 1903, que les hybrides de *cordifolia × rupestris* réussissaient dans des sols argileux trop compacts pour le riparia et que par suite de la direction plongeante de leurs racines il leur fallait des sols de quarante centimètres au moins. M. Millardet n'accorde pas une forte résistance à la chlorose au *cordifolia × rupestris*, mais estime que le *riparia × cordifolia — rupestris* de Grasset *106* jouit cependant d'une résistance plus forte au calcaire, presque comparable à celle du riparia × rupestris 101-14 [1].

En 1899 M. Gervais a bien voulu nous signaler [2]

---

[1] Voir catalogue de F. Bouisset, 1902.
[2] Voir notre Réunion de diverses brochures 1904, page 26.

que les cordifolia $\times$ rupestris ont en outre la faculté de résister à la sécheresse [1] et que dans sa propriété, en terrain de coteaux, appartenant au diluvium alpin, le 106-8 était magnifique, que c'était un porte-greffe de tout repos en sol non calcaire ; il ajoutait que les cordifolia $\times$ rupestris seraient peut-être à essayer en vue de la reconstitution si difficultueuse en sols secs superficiels.

En 1904, nous les indiquions à titre d'essai avec le rupestris Martin et l'Aramon $\times$ rupestris Ganzin N° 2 pour les sols secs superficiels non calcaires.

Nos essais de Nant (expérience VIII au lieu dit « Sous l'arpent dur ») dans une terre très forte non calcaire nous ont montré que l'on pouvait avoir confiance dans les *106-8* en ce qui concerne la reconstitution de beaucoup de nos terres fortes.

A Paluds, en terre très forte non calcaire, si cet hybride ne nous a pas donné de résultats compara-tifs sur lesquels on puisse discuter, c'est que la plantation a été effectuée dans les conditions les plus mauvaises.

A Veyrier (expérience II), en sol non calcaire meuble souvent assez sec, sur un sous-sol de sable et gravier, le *106-8* greffé en fendant vert s'est fort bien comporté, le rendement de ses greffes a permis de le classer 8me sur 33, comme maturité il

---

[1] Récemment M. E. Fenouil dans un n° de la *Revue de Viticulture* de 1910, à l'occasion du récit d'une tournée en Algérie dit qu'il a vu 106-8 souffrir de la sécheresse. Quoique nous estimons qu'une constatation ne suffit pas, nous pensons qu'elle est assez importante pour la citer, nous ferons toutefois remarquer que les auteurs des plus compétents qui ont affirmé que 106-8 conviendrait aux climats méridionaux, se basaient sur des faits, et sur plusieurs faits. Le 6 nov. 1909 M. Bouis-set nous écrivait qu'il tenait à notre disposition une lettre d'un de ses correspondants d'Algérie lui disant que c'étaient 106-8 et 420 qui lui avaient, depuis 6 ans, donné les meilleurs résultats.

arrive 2me sur 11 N^os du classement. Somme toute nous avons été satisfait de ce porte-greffe.

En examinant de plus près les rendements annuels du 106-8 à Veyrier expérience N° II, on constate un fléchissement assez brusque ; c'est ainsi qu'après avoir donné des récoltes très fortes par souche en 1902 (0 kg. 500), en 1903 (1 kg. 375), en 1904 (0 kg. 750), en 1905 (0 kg. 950), en 1906 (0 kg. 500) sa production diminue au point de n'accuser plus que 0 kg. 170 en 1907 et 0 kg. 175 en 1908. En France, ce porte-greffe n'a jamais souffert du phylloxéra et chaque fois qu'il était placé en milieux lui convenant, il a toujours donné satisfaction. Il se peut que dans le champ d'expériences II l'acariose soit cause de ce fléchissement, car elle a sévi sur bien des points en 1907 et 1908. Toutefois, en comparant les rendements des diverses variétés, si l'on constate soit dans l'une, soit dans l'autre de ces deux années une diminution de récolte pour d'autres variétés, on voit aussi que peu d'entre elles, à part justement des variétés sujettes à caution, accusent cette diminution deux années de suite.

Malgré cela, nous ne craindrions nullement, après ce que nous avons vu de ces porte-greffes chez nous, d'en replanter des vignes entières car, comme le Berlandieri × riparia 157-11, il nous a frappé par sa tendance à bien faire fructifier les greffes qu'il portait.

Quant à sa résistance exacte au calcaire chez nous, elle est encore à fixer; pour le moment nous l'indiquerions entre celle du riparia et celle du 101-14, c'est-à-dire vers 25°/o, plutôt en dessous.

13. Riparia rupestris-æstivalis

Le Vitis æstivalis qui est une vigne des régions chaudes communiquerait, nous semble-t-il, aux hybrides qui en dérivent, la résistance à la sécheresse.

D'après M. Millardet [1] le 227 (æstivalis-rupestris × riparia) ne craindrait pas des doses de calcaire inférieures à 30%.

M. Ravaz dit [2] que lorsque le V. æstivalis est peu apparent dans ce groupe les aptitudes des plantes sont sensiblement celles du riparia × rupestris et qu'il ne faut pas les cultiver dans les sols calcaires quand cette espèce domine.

Cet auteur ajoute qu'il a cultivé un grand nombre de plantes de ce groupe dans les calcaires charentais, que toutes ont jauni et disparu plus vite que les riparia. Il est bon cependant de faire remarquer encore une fois que le calcaire des Charentes est de bien plus mauvaise nature (assimilable) que partout ailleurs.

L'æstivalis-rupestris × riparia 227-11 qui est vigoureux à l'Ecole de Montpellier, s'y montre sensible à la chlorose. M. Ravaz trouve ces plantes intéressantes à essayer en sols compacts et secs.

Æstivalis-rupestris × riparia 227-13-21

Rameaux rougeâtres légèrement côtelés, glabres. Large feuille trilobée à sinus latéraux très peu

[1] Voir la notice de Millardet d'octobre 1902 dans le catalogue F. Bouisset 1902.
[2] *Ravaz*, op. cit., pages 315 et 316.

marqués, sinus pétiolaire largement ouvert ; dents mucronées, arrondies et larges ; vert foncé, tomenteuse à la face inférieure.

Jeunes feuilles d'un vert plus clair, brillantes. (Estoppey).

Nous l'avons essayé à Veyrier dans notre champ d'expériences II, en terre meuble non calcaire. Il s'y est très bien comporté, son rendement annuel par cep est en moyenne 0 kg 693, ce qui le classe 3me sur 33. Sa note de maturité est $3,63 = 2^{me}$ sur 11 N^{os} de classement.

Aussi, vu sa faculté probable de convenir aux sols compacts et secs, nous le recommanderions de suite pour la pratique si M. Anken, lors d'un examen fait le 9 mars 1910, n'avait remarqué sur les racines de cet hybride des lésions phylloxériques nettes, visibles au microscope et à la loupe.

Nous n'en concluons pas à une non résistance pratique avant plus ample informé. Cependant le Vitis æstivalis (un de ses ascendants) ne résiste pas toujours au phylloxéra et succombe si le sol est peu profond et sec alors qu'en bonne terre profonde il peut subsister [1]. M. Ravaz dit [2] que les racines d'æstivalis sont très envahies par le phylloxéra de

---

[1] Il y a là contradiction apparente avec ce qui est avancé au commencement du chapitre des hybrides d'æstivalis, nous y disons en effet : le V. æstivalis étant une vigne des régions chaudes elle communique probablement à ses hybrides une résistance à la sécheresse.
En somme, il est possible que V. æstivalis, probable même, résiste à la sécheresse mais, dans les terrains secs, le phylloxéra entre en jeu et, dans ce cas, cette réaction contre la sécheresse ne lui sert plus à rien.
Ce fait ne l'empêcherait pas de communiquer à un hybride une faculté de vivre en terrains secs si l'hybride est résistant au phylloxéra. La façon dont 227-21 se comportera dans la suite à Veyrier en terrain assez sec, contribuera à nous renseigner sur ce point.
[2] L. Ravaz, op. cit., page 121.

même que les radicelles, les nodosités et tubérosités sot très volumineuses. Aussi, ces faits nous suffisent pour ne pas répandre encore dans la pratique cet hybride, malgré ce qu'il aurait de tentant.

Sa reprise au greffage resterait encore à étudier.

Rupestris × *Hybride Azémar 215-2*
(Millardet de Grasset)

Rameaux anguleux et glabres d'un rouge vineux. Feuille réniforme, sinus pétiolaire très évasé, trilobée à sinus latéraux peu marqués, dents anguleuses et larges ; ondulée, bullée, vert foncé, tomenteuse sur nervures en-dessous, nervures finement pubescentes et rougies à la base en-dessus. Jeunes feuilles brillantes, bronzées. Grappe petite à petits grains ronds et noirs. (Estoppey).

Cet hybride a été obtenu par MM. Millardet et de Grasset en fécondant une variété de *rupestris* par l'hybride Azémar qui est un *œstivalis* × *riparia*.

D'après M. Millardet[1] l'hybride Azémar posséderait une certaine résistance à la sécheresse et l'expérience aurait démontré qu'il végète bien aussi dans les terrains compacts argileux, même un peu marneux, pourvu qu'ils ne soient ni humides, ni pâles, car dans ces conditions cet hybride se chloroserait aussi facilement que le riparia.

D'après le même auteur, le *215* est très vigoureux, il ne craindrait pas des doses de calcaire inférieures à 30%.

[1] Voir catalogue F. Bouisset, 1902, page 6.

Ces aptitudes du *215-2* le rendraient intéressant à essayer dans nos terres compactes non
humides et ne contenant pas plus de calcaire que
20-25 %.

A Veyrier (expérience II) en terre meuble, parfois
assez sèche, non calcaire, le *215-2* s'est classé 9me
sur 33 comme rendement et 9me sur 11 comme
maturité.

Aussi pouvons-nous le recommander pour des
terrains analogues à celui de ce champ d'expériences N° II.

14. Riparia-rupestris-cinerea

Les 239 créés par MM. Millardet et de Grasset.
En 1902, M. Millardet disait[1] que ces hybrides
étaient à l'essai et que les *239* semblaient convenir
de préférence aux sols argileux ou légèrement marneux et ne craindraient pas des doses de calcaire
inférieures à 30%.

Le Cinerea-rupestris de Grasset × riparia 239-6-20

Rameaux pubescents, rougeâtres à mérithalles
relativement courts. Feuille plutôt large à sinus
pétiolaire évasé, trilobée à sinus latéraux marqués,
le lobe médian est déjeté ; dents anguleuses ; pubescentes et rosées en-dessus, vert foncé, épaisse, un
peu ondulée, gaufrée à la base. Jeunes feuilles d'un
vert plus pâle. (Estoppey).

Dans notre champ d'expériences N° II, à Veyrier,
où tous les sujets ont été greffés sur place en fen-

[1] Voir catalogue F. Bouisset 1902.

dant vert, le *239-6-20* a obtenu le 17me rang sur 33 comme rendement avec la note de maturité de 3,23 (3 = assez bien), le classant 11me sur 11 N^os de classement.

Sa tenue n'a donc pas été mauvaise, aussi serait-il intéressant à essayer dans nos terres argileuses.

Sa reprise à la greffe qui a été bonne sur place resterait à étudier plus en grand.

15. Riparia-rupestris-æstivalis-Monticola

Le *Monticola* ✕ *riparia 554-5* (Couderc)

Feuilles adultes réniformes, 3-lobées, dents anguleuses et étroites, pubescentes sur les nervures en-dessous ; unies, vert foncé, brillantes, épaisses, nervures à peine rosées en-dessus ; petite.

Jeunes feuilles un peu pubescentes, cuivrées, très brillantes.

Bourgeonnement glabre, cuivré. Rameaux glabres rosés. (D'après Ravaz, op. cit.)

On a peut-être eu tort de ne pas essayer ce porte-greffe qui n'est pas à vrai dire un hybride de Monticola et de riparia seuls, mais un *æstivalis* ✕ *Monticola* fécondé par un *riparia* ✕ *rupestris*.

Un de ses parents, le Vitis Monticola, résiste à la sécheresse et à la chlorose d'après les uns autant que le Vitis Berlandieri. D'après Munson, ont trouve le Monticola en Amérique à l'état spontané en très grande abondance sur tous les plateaux du crétacé (intéressant pour Neuchâtel [1]).

---

[1] Voir P. Gervais, *op. cit.*, pages 43 et suivantes.

Le 554-5 serait intéressant à essayer dans les terrains secs et calcaires du Valais, dans la Haute-Savoie, à Neuchâtel, à Arnex, et dans quelques terrains analogues. [1]

Un autre de ses parents le *V. œstivalis* est une vigne des régions chaudes qui, suivant certains auteurs, résiste à la sécheresse et qui dans les terres compactes viendrait mieux [2] que le riparia et le rupestris ; elle croîtrait aussi fort bien dans les sables. Ces faits suffisent pour rendre un de ses hybrides intéressant à essayer. Les riparia $\times$ rupestris qui entrent également dans la composition de cet hybride ont fait leurs preuves chez nous.

M. Gervais dit dans son Etude sur la reconstitution [3] « qu'il faut un examen des plus attentifs pour distinguer dans les jeunes pousses de *554-5* au premier printemps, une coloration rappelant celle des æstivalis ; le feuillage porte des traces de rupestris, la feuille tient à la fois du *riparia* et du *rupestris du Lot* avec la consistance, la glaçure spéciale et l'éclat du *Monticola*. »

Un peu avant cet auteur dit :

« Les caractères du Monticola et du riparia sont ceux qui ressortent avec le plus de netteté, et qui permettent à première vue et au simple aspect extérieur de reconnaître en lui un *Monticola* $\times$ *riparia*. »

---

[1] Rappelons cependant qu'en juin 1910 après des pluies continues, 554-5 avait à Nant quelques feuilles pâles (ainsi que des vinifera francs) en terrain mi-fort, alors que cela n'était pas le cas pour des rupestris $\times$ Berlandieri. Le fait que le V. Monticola serait aussi résistant au calcaire que le V. Berlandieri ne nous parait donc pas encore tout à fait démontré.

[2] Voir Ravaz, *op. cit.*, page 121.

[3] P. Gervais, *op. cit.*, page 45.

« S'il résiste bien à la chlorose calcaire, il résiste
également bien à la sécheresse, il est susceptible de
rendre des services dans les sols à la fois secs et
calcaires, et peut-être même secs et non calcaires... »

Il serait intéressant de voir — à titre d'essai
seulement — quelle serait sa tenue dans les sols
superficiels secs.

En tout cas, *il nous semble* qu'on a délaissé les
essais à faire avec ce porte-greffe.

III. Vignes européennes entrant dans la composition des hybrides franco-américains employés dans les expériences de la pépinière de Veyrier

L'*Aramon*. D'après Fœx.

« Synonymes : *Ugni noir* en Provence, *Pissevin* à
Hyères, *Gros Bouteillan* à Draguignan, *Reballaire*
dans la Haute-Garonne, *Plant riche* de l'Hérault,
Burchard's Prince dans les serres d'Angleterre. »

« *Description* : Souche forte et très vigoureuse
dans les terrains riches ; port étalé. Sarments rampants d'un beau rouge clair en été, de couleur
grise en hiver ; nœuds saillants avec l'œil d'un
blanc sale et très développé ; mérithalles courts.
Feuilles grandes peu découpées, glabres à leur face
supérieure, garnies à la face inférieure d'un
tomentum peu serré ; sinus pétiolaire ouvert. *Grappe*
volumineuse, allongée, presque cylindrique ou légè-

rement ailée à pédoncule herbacé, peu résistant. *Grains* gros sphériques très juteux, peu comestibles quoique assez doux, d'un noir peu foncé, dans les milieux frais et très fertiles où la production est considérable.

« *Maturité* à la troisième époque du Pulliat. »

« L'Aramon débourre de bonne heure ce qui l'expose aux gelées printanières ; son fruit, à peau peu épaisse pourrit souvent dans les endroits bas, lorsque l'année est humide. Malgré ces inconvénients, la grande abondance de ce cépage qui s'est élevée dans certaines circonstances jusqu'à 400 hectolitres à l'hectare, lui a assuré une place très étendue dans les vignobles méridionaux... »

...« L'Aramon vient à peu près dans tous les terrains, mais il ne produit pas suffisamment dans les sols pauvres, secs ou froids. C'est dans les terres franches, perméables et riches qu'il donne les meilleurs résultats. »

Les Cabernets

Les cabernets sont des cépages de la Gironde. Le cabernet Sauvignon décrit par M. I. Anken page 103 de l'*Essai d'ampélographie vaudoise*, par J. Burnat et I. Anken, est de maturité de 2me époque un peu tardive [1] (d'après Pulliat). Il est employé dans tous les grands crus de Bordeaux.

« Les sols qui lui conviennent le mieux sont ceux dits de graves [2], mais un peu argileux; il vient

---

[1] D'après la façon dont il s'est comporté à Veyrier nous le classerions plutôt dans la 2e époque hâtive.

[2] Ces sols contiennent des cailloux assez gros et ronds.

très bien dans les sous-sols d'alios ferrugineux du Médoc, les graves de Bordeaux et sur les fonds forts et profonds des coteaux de la Dordogne, de la Garonne et de la Gironde (Fœx) [1].

Le cabernet Sauvignon demande une taille longue. Le *Cabernet franc*, maturité un peu plus tardive que celle du Cabernet Sauvignon.

Le vin du Cabernet franc possède une grande analogie avec celui du Cabernet Sauvignon ; il est solide et fin, mais un peu moins parfumé, un peu moins long à se dépouiller.

Le Cabernet franc est un cépage des plus vigoureux et des plus rustiques, son raisin résiste très bien aux pluies et à l'humidité de l'automne ; il se développe dans les terres légères comme dans celles qui sont argileuses et fortes. Les terrains marneux et calcaires sont les seuls qui ne lui conviennent pas ; il demande la taille longue. Un Cabernet a servi à hybrider le *Cabernet* $\times$ *Berlandieri* 333 (Tisserand).

Le Bourrisquou

(D'après Viala et Vermorel, Ampélographie, vol. V page 338).

« Cépage du Midi ». Souche très vigoureuse à tronc fort, écorce se détachant en lanières étroites ; port érigé.

.....« Rameaux assez forts à l'état herbacé ont une teinte violette avec un léger duvet à leur base,

---

[1] Fœx. *Cours complet de viticulture*, page 199.

ils prennent une couleur jaunâtre, stries pas très
nombreuses, mais bien prononcées ; mérithalles
courts avec des nœuds bien saillants ; bois assez
dense, dur ; moelle peu épaisse, mais très dense,
vrilles fortes. »

« Feuilles sous-moyennes, quinquelobées, à peu
près aussi larges que longues, sinus latéraux profonds en V bien ouvert ; sinus pétiolaire ouvert
mais pas très large ; face supérieure glabre, d'un
vert tendre brillant ; face inférieure d'un vert blanchâtre, avec un duvet lanugineux assez abondant ;
dents larges avec une pointe aiguë dirigée vers
l'axe. Pétiole plutôt court, muni de poils persis-
tants ; à la défeuillaison elles prennent une teinte
rouge vive. »

« *Fruits.* Grappes insérées à partir des 3me et 4me
bourgeons, grandes ou très grandes, très larges,
compactes avec plusieurs ramifications faisant
saillie sans cependant être détachées ; pédoncule
court très fort, résistant et devenant ligneux à la
maturité ; rafle d'un vert jaunâtre, pédicelles pas très
forts, bourrelet large, pas très épais, bien discoïde.

« Grains moyens de plusieurs dimensions, sphériques, chair ferme, pulpeuse, à saveur légèrement
astringente, peau assez épaisse, d'un rouge tirant
sur le violet, jamais très foncé avec une pruine
abondante, ombilic très prononcé et persistant. »

Le Mourvèdre ou Espar. (D'après Fœx) [1]

« Synonymes : *Tinto, Catalan, Plant de St-Gilles*
dans le Gard, *Matero* dans les Pyrénées Orientales,

[1] Voir Fœx, op. cit., page 163.

Balzac dans les Charentes, *Flouron*, *Charnet*, *Espargnen* dans l'Ardèche, *Etrangle chien* dans la Drôme, *Trinchiera* à Nice. »

« *Description :* Souche assez vigoureuse, s'élevant promptement, sarments érigés, à mérithalles courts à nœuds gros, d'une couleur brun jaunâtre une fois aoûtés. *Feuilles* moyennes, quinquelobées, mais avec les sinus latéraux (les supérieurs surtout) très peu profonds ; sinus pétiolaire ouvert, deux séries de dents un peu aiguës ; face supérieure d'un vert foncé, un peu rugueuse, face inférieure duveteuse et blanchâtre. Pétioles et nervures rouge brun foncé. *Grappe* moyenne cylindro-conique, avec de petites ailes ; à pédoncule ligneux, couleur bois près du sarment, vert près de la grappe. *Grains* moyens, sphériques serrés, noirs pruinés, sucrés et juteux, mais un peu âpres et désagréables à manger. »

« *Maturité* à la troisième époque de Pulliat. »

« Le Mourvèdre est celui des plants méridionaux dont l'aire est la plus étendue ; on le rencontre depuis les Alpes Maritimes jusqu'au-delà des Pyrénées Orientales et remontant vers le Nord jusque assez avant dans la Drôme ; il constitue également un élément important dans le vignoble des Charentes. C'est le cépage par excellence de la Provence, uni au Grenache il forme la base du vin de Pierrefeu et de Bandol dans le Var, lesquels sont les plus appréciés pour les transports d'outre-mer. La faveur dont il jouit est d'ailleurs bien justifiée par ses qualités remarquables ; son vin, un peu âpre, est d'une belle couleur et d'une grande solidité. Sa production moindre que celle du Carignane (de 30-35 hectolitres) est du moins très régulière parce qu'il débourre tard et est, par suite, peu sujet aux gelées ; il coule rarement et résiste habituellement assez bien à l'action des maladies cryptogamiques. Bien que peu difficile sur la nature du sol, le Mourvèdre ne prospère et ne donne tout le produit qu'il est susceptible de fournir que dans les bons terrains. Les côtes calcaires fertiles avec sous-sol de roche fendillée, les plaines élevées argilo-calcaires ou formées par le diluvium alpin, chaudes et bien drainées, lui conviennent particulièrement. Le Mourvèdre est d'origine espagnole, il nous vient probablement de Mourvèdro (Valence). »

Le Chasselas

Le chasselas qui est un des parents du *chasselas* × *Berlandieri 41 B* est trop connu chez nous, puisque nos Fendants sont des chasselas, pour que nous donnions sa description ici. Ces cépages sont du reste décrits dans notre « *Essai d'ampélographie vaudoise* », par J. Burnat et I. Anken.

Dans son *Cours de viticulture*, page 245 Fœx dit ce qui suit au sujet du *chasselas doré*.

« Le *Chasselas doré* réussit dans les conditions de sol et de climat les plus diverses ; néanmoins il semble qu'au point de vue de la perfection de ses produits pour la table, ce sont les bonnes terres franches un peu légères et les climats tempérés qui lui conviennent le mieux. Pour la production de son vin, les côtes caillouteuses bien exposées sont préférables. »

Nous pouvons ajouter qu'en Suisse, dans le canton de Vaud en particulier, le chasselas est

planté et réussit (pour la production du vin) dans
les terres les plus diverses et qu'une bonne partie,
la majorité des terres du canton de Vaud, sont fortes,
très fortes même parfois.

On trouve en effet dans le canton de Vaud le
chasselas cultivé dans les terres meubles et profondes, dans des terres d'alluvions caillouteuses
sèches ou pas, dans des terres argileuses contenant
une forte proportion de sable fin et dans des sols
calcaires (calcaire jaune ou blanchâtre du Jura,
district d'Orbe).

Le Colombaud. (D'après Viala et Vermorel) [1]

« *Le Colombaud* est un des cépages les plus
répandus de la Provence, mais malgré sa très
grande vigueur et sa rusticité il tend à être aban-
donné un peu partout, car son rendement est toujours assez faible et ses produits n'ont rien de
particulier. »

« Souche très vigoureuse avec tronc régulier et
prenant à un certain âge la dimension d'un petit
arbre. Bourgeons ronds, petits et presque toujours
doubles, bourgeonnement tardif, légèrement duveteux, écorce très adhérente, brun clair, vineux,
plus foncé autour des nœuds ; moelle brune et
serrée, vrilles très minces et discontinues. »

« *Feuilles* moyennes épaisses, entières, rondes,
bullées sur les bords, glabres et lisses à la page
supérieure, couvertes d'un léger duvet à la page

---

[1] Viala et Vermorel *Ampélographie*. Vol. III, page 282.

inférieure vert sombre, sinus supérieurs à peine indiqués, sinus inférieur manquant presque toujours, sinus pétiolaire bien ouvert, dentelure inégale ; nervures fortes bien marquées. Pétiole fort, aussi long que la feuille, vineux à sa base. »

« *Fruits*. Grappes moyennes cylindriques, allongées, serrées, rarement ailées, pédoncule fort, long, et ligneux du point d'attache jusqu'au nœud pédonculaire, pédicelles courts et forts, pinceau long et volumineux. Grains gros ovoïdes, presque sphériques, à point ombilical bien marqué ; peau vert opaque quelquefois légèrement teintée de blanc, très fine et peu résistante ; chair ferme, sucrée, avec léger arôme très agréable ; graines grosses et peu nombreuses une ou trois, presque jamais deux. »

Le Colombaud entre dans la composition du gamay Couderc 3103 qui est un Colombaud $\times$ rupestris obtenu en 1882 par M. Couderc.

IV LES FRANCO-AMÉRICAINS

Beaucoup d'auteurs théoriciens et praticiens se sont demandés et se demandent encore, s'il n'y a pas un danger à employer des porte-greffes obtenus par croisement entre des vignes américaines et des variétés du Vitis vinifera, vu la non résistance phylloxérique de ce dernier.

Il y a environ 10 à 15 ans, quelques-uns conseillaient d'en rejeter l'emploi sauf dans des cas exceptionnels où il fallait mettre la résistance à la chlorose (cas du 41 B dans les Charentes) au-dessus de la résistance phylloxérique presque absolue.

D'autres, par contre, disaient que certains *franco-américains* pouvaient bien avoir intégralement ou presque intégralement hérité le caractère de résistance phylloxérique d'un de leurs parents.

Nous-même avons dit assez souvent que chaque fois que le terrain le permettrait et qu'on avait à sa disposition un américain pur résistant (car il y a des vignes américaines localisées à l'état sauvage dans des terrains non phylloxérants, sables, terrains humides, qui, elles, ne résistent pas) ou un *américo-américain*, il fallait les employer de préférence aux *franco-américains*.

Si actuellement nous sommes encore de cet avis, nous estimons qu'on ne peut cependant pas être absolu dans cette question.

Il suffit en effet de prendre connaissance des travaux publiés au sujet de la résistance phylloxérique, pour se rendre compte combien cette question est complexe, combien de facteurs il faut prendre en considération avant de pouvoir la résoudre dans chaque cas.

On a cherché à déterminer la *résistance intrinsèque absolue* des divers cépages utilisés comme porte-greffes dans la reconstitution du vignoble. Dans ce but, diverses méthodes ont été préconisées, mais à vrai dire aucune ne s'est montrée à l'abri des critiques. Elles ont cependant permis d'établir des tables, dans lesquelles les cépages sont classés par ordre décroissant de leur résistance respective aux attaques du phylloxéra. Les chiffres ainsi obtenus ne sauraient avoir une valeur absolue, ils ne peuvent servir que d'indication, mais ajoutons, d'indications ayant une grande valeur.

Au reste, à part peut-être pour le Vitis rotundifolia, on peut dire que la résistance intrinsèque absolue n'existe pas, ce qui existe c'est une résistance relative qu'on désigne plus communément sous le nom de *résistance pratique*. Or cette dernière ne dépend pas uniquement des caractères spécifiques ou individuels des porte-greffes, mais aussi de beaucoup d'autres conditions qui ne sont du reste pas toutes connues. En d'autres termes, un cépage donné ne réagit pas partout de la même façon sous l'attaque de l'insecte ; il est des conditions dans lesquelles il peut résister avec succès, tandis qu'il en est d'autres où sa résistance se montre insuffisante.

Suivant que les piqûres du phylloxéra affectent les radicelles ou les racines, elles y provoquent des altérations différentes. Les lésions des radicelles portent le nom de *nodosités*, celles des racines celui de *tubérosités*. On considère en général celles-ci comme plus dangereuses que celles-là. Les tubérosités, surtout si elles sont profondes, paraissent en effet plus graves en ce qu'elles permettent aux micro-organismes du sol — les parasites des blessures — de pénétrer à l'intérieur des racines dont ils provoquent la pourriture, entraînant ainsi la mort de la plante tout entière. Mais les nodosités peuvent parfois amener des conséquences tout aussi funestes au point de vue cultural, c'est le cas lorsqu'elles sont nombreuses et de nature à provoquer la destruction des radicelles, la plante est alors dans l'impossibilité de tirer du sol les éléments nécessaires à son développement normal.

De ce que certaines vignes — quelques américains purs — présentent, sous l'action du phylloxéra, principalement des nodosités, tandis que
d'autres — certains franco-américains — portent
plutôt des tubérosités, on reconnaissait à celles-là
le caractère de résistance pratique au phylloxéra,
alors qu'on tendait plutôt à le refuser à celles-ci.

En réalité, comme le fait observer M. Gervais, on
comparait entre elles des choses non comparables,
et cette distinction n'a pour la pratique pas l'importance qu'on lui accordait, d'autant moins que les
vignes qui sont attaquées à la fois sur les radicelles
et sur les racines, c'est-à-dire présentant à la fois
des nodosités et des tubérosités, sont les plus nombreuses, aussi bien parmi les espèces américaines
que parmi les hybrides américo-américains et franco-américains dont un grand nombre ont dans la
pratique affirmé une résistance relative suffisante.

Aussi la constatation des nodosités et des tubérosités ne suffit-elle pas pour la détermination de la
résistance ou de la non résistance au phylloxéra
d'un cépage. Il faut prendre en considération
l'intensité de l'attaque et surtout la manière dont
se comporte la plante sous l'action de cette attaque.

Or, il est clair que toutes les conditions qui contribuent à augmenter ou à diminuer la vitalité
d'un cépage contribuent également à augmenter ou
à diminuer sa résistance au phylloxéra et sont, par
conséquent, fonctions essentielles de sa résistance
pratique.

Ces conditions — du moins celles qui sont connues — sont déterminées surtout par l'adaptation et ensuite par le greffage, l'affinité, les soins
culturaux.

M. Couderc nous disait un jour :

« Mais je connais bien des cas où le rupestris du Lot n'a pas résisté au phylloxéra et où je préférerais un franco-américain ayant une résistance moins forte. »

Très étonné, encore peu habitué à tenir suffisamment compte des modifications apportées par les divers facteurs de la pratique, nous demandâmes une explication :

« Le phylloxéra, nous répondit ce chercheur, s'il a affaire à une espèce très résistante, telle que le rupestris du Lot par exemple, ne pouvant se nourrir sur le corps principal des racines et y former des tubérosités, attaque d'autant plus les radicelles, et y forme de telles nodosités qu'il y en a trop. Si ce porte-greffe est planté dans une terre fraîche sans excès, le système radiculaire peut se défendre et former de nouvelles radicelles, mais si la terre est trop sèche la régénération des radicelles n'a plus lieu, la plante périclite, et voilà une espèce intrinsèquement très résistante qui souffre du phylloxéra, mieux eût valu là une variété ou un porte-greffe demi-résistant, le phylloxéra se serait porté à la fois sur les radicelles, mais pas assez pour les supprimer, et sur le corps principal des racines pour y occasionner des tubérosités peu pénétrantes qui se seraient exfoliées à mesure » [1]

La pratique semble avoir depuis corroboré le raisonnement de M. Couderc, seulement il est évident *qu'il ne faut pas l'exagérer, car comme nous le disons plus haut, les tubérosités sont en général plus dangereuses que les nodosités.*

---

[1] Voir à ce sujet l'Extrait du prix courant pour 1888-89 des hybrides de vignes obtenus par M. Couderc à Aubenas, Ardèche.

Ce n'est que par des essais nombreux, poursuivis pendant un grand nombre d'années sous des conditions de climat, de sol, de culture les plus diverses qu'on peut arriver à déterminer la résistance pratique réelle d'un cépage. [1]

Du reste les Aramon $\times$ rupestris Ganzin, les Mourvèdre $\times$ rupestris 1202, [2] les chasselas $\times$ Berlandieri 41 B etc., etc., répandus depuis longtemps en grande culture n'ont pas donné lieu à des plaintes.

En Sicile, où les conditions sont bien différentes de chez nous, on a constaté un rabougrissement de vignes greffées non seulement sur franco-américains, mais aussi sur américains purs ou sur américo-américains, qu'on attribuait à un défaut de résistance au phylloxéra. Depuis, une enquête faite par une Commission officielle a conclu que ce rabougrissement est dû principalement à un défaut d'adaptation au climat et au sol, à des soins cultu-

[1] Nous conseillons à ceux que la question intéresserait de plus près, de consulter les ouvrages et publications suivants :

Fœx : Cours complet de Viticulture. C. Coulet, imp. Grand'Rue, Montpellier.

Viala et Ravaz : Adaptation.

Millardet : Nouvelles recherches sur la résistance et l'immunité phylloxériques. (Journal d'agriculture pratique du 10 décembre 1891.)

Millardet : Altérations phylloxériques. (Revue de viticulture 1898.)

Ravaz : Vignes américaines. Porte-greffes et producteurs directs pages 38-43. Montpellier, C. Coulet et fils Grand'Rue.

Ravaz : Contribution à l'étude de la résistance phylloxérique. (Revue de viticulture). 35, Boul. St-Michel.

Ravaz : Rapport à la Session générale de Viticulture de France, année 1898 : Résistance phylloxérique et adaptation.

P. Gervais : Etudes pratiques sur la reconstitution du vignoble 1900, pages 67 à 82. Montpellier, C. Coulet, édit., Grand'Rue.

[2] M. Chappaz a cependant constaté (voir page 465, Progrès agricole L. Degrully, Montpellier, rue Albisson 1, 1910, un cas net de dépérissement phylloxérique du 1202 en Champagne.

Ce n'est pas une raison pour généraliser, comme le dit M. Chappaz lui-même. Mais nous ajouterons, ceci prouve qu'il ne faut exagérer aucune théorie.

raux insuffisants; le phylloxéra ne jouerait qu'un rôle secondaire, car même sur les plantes les plus malades on n'a pas pu constater *la pourriture des racines qui est cependant le critérium de la non résistance pratique* [1]

Nous répétons encore qu'il vaut mieux, si on le peut, employer des *américains purs* ou des *américo-américains*. Aux environs de Montpellier, nous avons cependant planté dans certains cas des 41 B, des 1202 [2], des Aramon $\times$ rupestris Ganzin qui nous ont donné toute satisfaction.

Somme toute, la question reste ouverte [3].

[1] Voir à ce sujet : *Recherches sur les causes du dépérissement de quelques porte-greffes américains en Sicile, par B. Grassi, G. Guboni, L. Donesi, G. Grimaldi, F. Paulsen et A. Ruggeri.* Revue de viticulture, mai 1910, No 857, page 533 ; No 858, page 568.
Dépérissement et résistance des vignes américaines en Sicile par G. Grimaldi. Revue de viticulture, Paris, juillet 1910 No 864, page 14, No 865, page 39, et *Gœtano Faraci : Sur la résistance au phylloxéra.* Revue de viticulture, Paris août 1910, No 870, page 175.
Voir au sujet des publications sur ce sujet le chapitre errata et additions.

[2] Sans rien conclure cependant au sujet du 1202 nous userons, dans le midi et dans des terrains très phylloxérants, d'un peu plus de réserve au sujet de ce cépage, quoiqu'à Veyrier, dans un terrain très phylloxéré et assez sec, pas même profond, il ne souffre absolument pas de ce parasite.

[3] Nous donnons ici, à titre d'indication, les deux tables de résistance phylloxérique suivantes :

a) *Echelle de résistance d'après M. Millardet.* (Maximum = 10):

9,5 — Quelques *riparia* $\times$ *rupestris*; V. *cordifolia*.

8,5 — Le plus grand nombre des *riparia* $\times$ *rupestris*; V. *cinerea*.

8, — Beaucoup de *riparia* et de *rupestris*.

7,5 — *Riparia Gloire; rupestris Taylor Aramon* $\times$ *rupestris Ganzin, rupestris phénomène* (le Lot).

7 — *Berlandieri Davin; riparia* et *rupestris* médiocres; quelques Champin.

b) *Echelle de résistance dressée par MM. Viala et Ravaz* (Maximum = 20) :

20 — V. *rotundifolia*.

19,5 — V. *cordifolia*; V. *Monticola; rupestris Martin; rupestris Mission; rupestris du Lot; rupestris Ganzin; rupestris Richter; rupestris métallique; rupestris de Forworth.*

19 — *Berlandieri* Planchon, Vialla, de Grasset, Ecole; *rupestris* à pousses violacées; alpha; *riparia* Gloire de Montpellier; Grand glabre, baron Perrier,

1. Le mourvèdre✕rupestris 1202

Le mourvèdre✕rupestris 1202 est déjà très répandu dans les environs de Genève où on le plante dans des cas spéciaux : terres fortes ou non, fraîches, très calcaires. Dans les terrains très calcaires il a été très employé ainsi que l'Aramon✕rupestris Ganzin n° 1 depuis une douzaine d'années parce qu'on ne connaissait pas encore bien les Berlandieri✕riparia et les chasselas✕Berlandieri 41 B qui peuvent les remplacer avantageusement dans bien des cas ; cependant il y en existe encore où l'emploi du 1202 est nécessaire [1].

Caractères. — Plante très vigoureuse. Sarments gros, mais courts et ramifiés, cylindriques finement striés, d'un brun rougeâtre à l'aoûtement, violacés à l'état herbacé. Feuille plutôt petite, orbiculaire, trilobée à sinus latéraux peu marqués, bordée de dents en 2 séries, anguleuses et larges; épaisse, gaufrée, bullée, d'un vert sombre un peu luisant, avec nervures envinées à la base en-dessus, d'un vert jaunâtre à la face inférieure. Sinus pétiolaire en forme de lyre. Elle a la tendance à se plier en

6 — *Solonis; York Madeira.*
5 — *Herbemont.*
4,5 — *Jacquez.*
4 — *Vialla.*
3,5 — *Taylor.*
0 — Vignes européennes.

tomenteux, géant, Ramond, Martineau.
18,5 — Rupestris Ecole.
15 — Solonis.
13 — Jacquez.
12 — Vialla.
11 — Taylor, York Madeira.

[1] Dans de terres profondes, argileuses fraîches et très calcaires nous ne saurions (malgré la réserve, à laquelle nous prions nos lecteurs de ne pas attribuer trop d'importance, citée plus haut au point de vue phylloxérique) que planter d'autre que du 1202.

forme de coupe en-dessus. Le feuillage prend en automne une teinte rougâtre. Jeunes feuilles d'un vert jaunâtre, aranéeuses en-dessous.

Grappes nombreuses à grains lâches, petits, ronds et noirs. (Estoppey.)

Les bois des *Mourvèdre*×*rupestris 1202* (comme du reste ceux de *rupestris* et hybrides *de rupestris*) très gros à leur base, ont un diamètre qui va beaucoup plus vite en diminuant que ce n'est le cas pour les bois de *riparia* ou d'autres espèces. Les *rupestris* et *franco*×*rupestris* ont ce caractère beaucoup plus prononcé que les *riparia*×*rupestris*. Aussi, pour les dits franco×rupestris, si dans l'achat des bois d'un mètre on exige un diamètre de 6 mm. au lieu de 5 ou au maximum 5 $^1/_2$, on reçoit des boutures qui à leur base présentent la grosseur de véritables cannes, impropre au greffage sur table.

Les ramifications très nombreuses chez le *1202* fournissent des fractions greffables.

Il reprend facilement de boutures et de greffe. Les pieds-mères doivent être sulfatés une ou deux fois pour préserver le feuillage du mildiou.

Nous avons essayé le *1202* à Veyrier (expérience II) en terre meuble non calcaire parfois assez sèche, mais la taille appliquée ici est un peu courte pour lui qui s'accommoderait plutôt de tailles longues.

Son rendement moyen par cep a été 0 kg. 391, le classant 25e sur 33. Si l'on suit, sur le tableau de rendement de cette expérience, les récoltes de *1202* année par année on constate que c'est surtout les premières années, soit en 1902, 1903 et 1904, qu'elles ont été faibles, tandis que par la suite elles ont été tout à faitbonnes, surtout si l'on tient compte que 1202 est placé là dans un terrrain *un peu séchard, pas très profond, très phylloxéré* et qu'il est soumis à une taille trop courte. Les récoltes moyennes ont été en effet en 1905 0 kg. 750, en 1906 0 kg. 570, en 1907 0 kg. 450, en 1908 0 kg. 750. Sa note de maturité moyenne à été 3,36 ce qui le classe à ce point de vue 6e sur 11 nos de classement.

Le *1202* a été essayé également dans notre expérience n° IV en terrain meuble à riparia, peu caillouteux, tout juste assez frais, dont la profondeur varie de 40-70 cm., reposant sur un sous-sol de gravier et de sable; le calcaire varie entre 2,9 % et 26,9 %.

Dans cette expérience, 1202 planté en 1904 n'a fait produire à son greffon l'aligoté (plant blanc de Bourgogne de moins forte production que le chasselas) que 0 kg. 125 par pied en moyenne. Il est conduit en gobelet, par conséquent soumis à une taille trop courte. A une autre place de cette même expérience, *1202* greffé en *Pinot fin noirien*, cépage à petite production donne une moyenne de 0 kg. 505 par cep. Il est conduit en cordon Guyot simple (une taille qui lui convient. Les pieds ont été plantés en greffes-boutures en 1901 et les pesées effectuées pendant six ans, soit à partir de 1904.

A Chantemerle, commune de Corsier (expérience n° XI) en sol assez profond graveleux, assez argileux, mi-fort, à sous-sol humide mais sans eau stagnante, et où les pourcentages de calcaire varient dans le sol de 15,5—16,5 %, dans le sous-sol de 20—30 %, *1202* planté en 1902 fait bien fructifier son greffon (fendant vert) malgré une taille courte; il est vrai que le vigneron a laissé de façon très intelligente un nombre de cornes en rapport avec la vigueur des ceps. En 1907 ses greffons ont

obtenu la note de maturité 5 = très bien et en 1908 :
4 = bien.

D'autres greffes de *1202* (fendants vert et roux
mélangés), plantées en 1903 et conduites à la
taille vaudoise, produisent une moyenne de 0 kg.
477 par cep et obtiennent le 3me rang sur 8 variétés.

A Clapiers (Hérault) nous l'avons essayé en terre
meuble, profonde, ni sèche, ni humide, cependant
la partie de ce champ [1] située près d'une falaise est
plus caillouteuse et parfois un peu moins profonde ;
les doses de calcaire atteignent jusqu'à 64 %. La
plantation a été effectuée au moyen de racinés en
1902, greffés l'année suivante sur place avec des
Aramons. La taille appliquée est celle en usage dans
l'Hérault, gobelet à plusieurs bras taillés à 2 yeux
plus le borgne (bourrillon, faux-bourgeon). Quand
bien même cette terre ne paraissait pas assez fraîche
pour le *1202*, ce dernier y a donné et y donne encore satisfaction. Il n'a souffert ni de la chlorose ni
du phylloxéra.

Dans notre expérience I, faite chez M. Souvayran
à Creuse près Annemasse (Hte-Savoie), le *1202* a
donné toute satisfaction dans de grosses terres compactes, avec sous-sol humide où les doses de calcaire oscillent autour de 40 %.

Dans des essais [2] faits dans le canton de Vaud par
des propriétaires, dans une quinzaine d'endroits différents, le *1202* planté en terres fortes a souvent
donné satisfaction. On a trouvé parfois qu'il pous-
sait plutôt à bois et dans un cas (chez M. Louis Cerf,

[1] Voir *Expérience* n° XIV. Terre du Hangar, Carré n° IV.
[2] Voir *Enquête sur les vignes américaines en 1909* par H. Faes
et F. Péneveyre N° 23 de la Terre vaudoise, 20 novembre 1909.

à Orbe) que la maturité des produits avait été en 1908 plus tardive sur 1202 que sur 101-14.

Nous craignons un peu ces défauts étant donné que chez nous on taille très court et que les plantations sont très serrées. Nous lui préférerions des porte-greffes poussant moins à bois et devant *à priori* hâter la maturité.

Toutefois, il semble ressortir clairement de nos expériences que si une taille plutôt longue doit lui être appliquée il fait fructifier ses greffons plus qu'on ne le croyait. D'autre part, surtout dans les bonnes expositions comme celles de Chantemerle, nous n'avons pas constaté le tendance à retarder la maturité que nous craignions. Dans des terres fortes, calcaires ou non, il pourra souvent être remplacé par des Berlandieri $\times$ riparia, des hybrides de cordifolia et même par des riparia $\times$ rupestris, ainsi que par d'autres hybrides complexes. Cependant dans des terres très fortes, calcaires, à sous-sol humide, nous serions embarrassés d'y mettre autre chose que des *1202*, vu que nous n'avons pas étudié la résistance à l'humidité des plants que nous venons de citer.

De plus, il résulte de nos expériences de Clapiers que le *1202* n'a pas besoin d'autant de fraîcheur qu'on le croyait.

2. Bourrisquou rupestris.

Le *Bourrisquou* $\times$ *rupestris 601* (Couderc)

Sarments gros plutôt courts, verts, rayés de rouge vineux, à nœuds bien colorés, assez côtelés. Feuille

plutôt orbiculaire moyenne, 3-5 lobée à sinus latéraux supérieurs profonds, inférieurs à peine marqués, dents anguleuses larges ; gaufrée, vert mat
avec nervures glabres, rosées à la base en-dessus,
d'un vert plus clair, aranéeuse pubescente sur les
nervures à la face inférieure.

Jeunes feuilles un peu brillantes d'un vert clair,
aranéeuses.

Grappes courtes à grains assez serrés ronds et
noirs. (Estoppey.)

Le Bourrisquou ✕ *rupestris 603 Couderc*

« A un aspect général de vinifera ✕ rupestris à
port étalé. Les feuilles sont d'un vert sombre, ma-
tes, découpées à 3-5 lobes à défoliation automnale
rougeâtre plus hâtive que celle du *601* qui est *jaunâtre*. » (Gervais [1].)

Ces deux hybrides obtenus par M. Couderc en
1883 mériteraient d'être essayés. Nous les avons
dans nos collections, mais depuis trop peu de temps
pour conclure.

A Vogué (Ardèche) les Bourrisquou ✕ rupestris
ont bien résisté au phylloxéra dans un terrain très
pierreux, perméable, très sec en été.

M. Couderc a fait entrer *601* et *603* dans foule
de combinaisons complexes où ces deux hybrides
ont apporté une bonne résistance phylloxérique.

D'après M. Gervais [2] *601* paraît convenir aux ter-

---

[1] P. Gervais op. cit. page 56.
[2] P. Gervais op. cit. page 56.

rains argilo-calcaires compacts, même peu profonds, aux groies fortement mélangées de marne, aux argiles froides, il supporte mieux le calcaire que le 603 qui pourrait, mais à une moindre degré, être utilisé pour les mêmes sols, ce dernier possède, paraît-il, la faculté de végéter en sol sec.

Le *601* est plus vigoureux que le *603*, mais tous deux sont moins vigoureux que *1202*.

M. Cazeaux-Cazalet a signalé le *601* pour les boulbènes du Sud-Ouest de la France.

Le 603 avait été signalé d'abord comme producteur direct.

3. **Aramon-rupestris Ganzin.**

L'Aramon × rupestris Gauzin N° 1.

Rameaux forts, longs, ramifiés, anguleux, d'un rouge vif. Feuille moyenne, réniforme, trilobée, à sinus latéraux peu marqués, sinus pétiolaire en V assez ouvert. Dents anguleuses et larges. Limbe épais, gaufré au milieu, vert foncé, aranéeux sur les nervures en dessous, nervures violacées à la base en dessus. Jeunes feuilles bronzées et luisantes. Bourgeonnement rougeâtre, un peu aranéeux (Estoppey).

Plante très florifère uniquement à fleurs mâles produisant un pollen très abondant et doué dit-on d'un grand pouvoir fécondant à l'égard des autres variétés.

Le feuillage se tache de rouge à l'automne. Nous avons essayé ce plant très connu chez nous dans notre champ d'expériences à Veyrier II, en terre meuble, non calcaire, parfois assez sèche, où le rendement de ses greffes l'a classé 19e sur 33, le poids moyen par cep a été 0 kg. 439, la note de maturité moyenne a été 3,25 (celle du 1202 = 3,37).

Au *Haut-Chantemerle* commune de Corsier, en terre mi-forte, graveleuse, à sous-sol humide mais sans eau stagnante, le calcaire varié de 15,5 à 16,5 °/o dans le sol et de 20—30 °/o dans le sous-sol.

Greffé en fendants vert et roux et planté en 1903, il a produit, observé de 1906 à 1908 inclus, 0 kg. 544 en moyenne par cep, obtenant ainsi le 2e rang sur 8 variétés (101—14, Ganzin N° 1, 1202, 101—14, Gloire, Lot, Grand-glabre). Les notes de maturité ont été 3 en 1906, 4 en 1907 et en 1908. Sa tenue a été bonne et il n'a pas apporté de retard à la maturité qui du reste est bonne dans ce parchet très bien exposé.

Dans l'expérience N° III à Veyrier en terrain d'alluvion, meuble pas toujours très profond, parfois un peu sec, où le calcaire varie de 0,5 à 38 °/o, il a été soumis à la taille longue (cordon double Guyot). Sa tenue a été bonne, il est dépassé par le Gloire et le Lot.

Il a bien fait fructifier ses greffons; les chasselas de Fontainebleau ont obtenu la note de maturité 3,60, tandis que celle des roussettes hautes a été 2,80, il est vrai que ce dernier cépage n'est pas aussi hâtif que les chasselas.

Dans l'expérience N° V à Veyrier, en terre meuble un peu argileuse, avec des doses de calcaire variant de 5,85—15,9 et 23,37 °/o, les malbecks greffés sur ce porte-greffe ont eu une production un peu irrégulière[1]. Les greffes ont été faites sur place en 1903 et sont conduites en cordon vertical (treille);

---

[1] Il faut se rappeler toutefois que le malbeck est un griffon assez coulard par lui-même.

en 1906, la récolte moyenne par cep a été 0 kg. 647 et en 1907 seulement 0 kg. 176, la note de maturité a été 5 pour les deux années. L'essai est de trop courte durée pour qu'on puisse juger.

À Clapiers (Hérault) à l'*Aire* (expérience XIV, en terre blanche, mélangée de cailloux au fond, superficielle par endroits (40—50—60 cm.), meuble et profonde à d'autres, un peu maigre et tuffeuse ici et là (calcaire 41—55 %) et plutôt sèche, l'*Aramon* ✕ *rupestris Ganzin* Nº *1* a donné satisfaction; *41 B.* ainsi que les *Berlandieri* ✕ *riparia* auraient cependant mieux convenu.

À Bossey (Hte-Savoie), où le calcaire et chlorosant, nous avons vu parfois jaunir *Aramon* ✕ *rupestris* Nº *1* ; aussi sous un climat comme le nôtre, à pluies plutôt fréquentes, nous serions tenté de ramener la limite de résistance de ce cépage au calcaire entre 35 — 40 % alors qu'en 1904 nous indiquions 45 % et plus [1].

Dans le rapport de MM. Fæs et Péneveyre sur les vignes américaines dans le canton de Vaud [2], on voit qu'*Aramon* ✕ *rupestris Ganzin* Nº *1* a la plupart du temps donné satisfaction, tandis que dans certains cas relativement rares, on a constaté une tendance à pousser à bois et à retarder un peu la maturité.

Ce cépage a le défaut de reprendre très mal à la greffe. Nous ne l'en tenons pas moins pour un bon porte-greffe, indiqué pour des terres fortes, calcaires, même pour celles à sous-sol humide sans excès. M. le Dʳ Fæs estime en outre qu'on peut l'essayer dans des terres pas très profondes. Il réussira, cela va sans dire, aussi dans les terres

[1] Voir notre réunion de diverses brochures, 1904, page 20.
[2] Voir *Terre Vaudoise*, Nº 22, 6 nov. 1909.

meubles, mais là d'autres porte-greffes peuvent lui être préférés.

Dans les terres fortes, calcaires et humides nous lui préférerions le *1202*.

Dans les calcaires du Jura, à Neuchâtel, on est fort content de l'*Aramon* ✕ *rupestris Ganzin* N° *1*. Dans la Côte-d'Or, en terrains calcaires, et sur de nombreux autres points en France, ce cépage a donné satisfaction.

Il y a quelques années, les plantations de pieds mères d'*Aramon*✕*rupestris Ganzin* N° *1* contenaient parfois des *Gamay Couderc*. Pour un observateur exercé le *Gamay Couderc* se distingue facilement de l'*Aramon* ✕ *rupestris* N° *1*, mais ceux qui ne sont pas familiarisés avec les vignes américaines feront bien de faire attention à ce risque qui, il est vrai, a maintenant bien perdu de son importance, vu que la sélection des cépages a fait de réels progrès. Cependant ce fait doit rendre très prudents ceux qui publient des cas de non résistance phylloxérique de l'*Aramon* ✕ *rupestris Ganzin* N° *1*.

Il est en outre très rare de trouver des plantations d'*Aramon* ✕ *rupestris* N° *1* dans lesquelles il n'y ait pas quelques pieds de *Ganzin* N° *2*.

Il n'est pas facile de les distinguer l'un de l'autre à première vue. Deux caractères permettront de s'y reconnaître.

1° Le feuillage du N° *2* est d'un vert plus pâle, ses rameaux portent en outre des poils aranéeux à leur extrémité, ce qui n'est pas le cas chez le N° *1*. Ce caractère nous a été indiqué par M. Charmont fils, pépiniériste à St-Clément-les-Mâcon (Saône-et-Loire.)

2° En automne, le feuillage du N° *1* prend une

teinte rougeâtre, ce qui n'est pas le cas de celui du
N° 2.

L'Aramon × rupestris Ganzin N° 2.

Caractères. Plante vigoureuse. Sarments gros et
longs très ramifiés, côtelés, rouge vineux, *les extrémités portent des poils aranéeux.*

Feuille orbiculaire, entière, à dents bi-sériées
arrondies et larges, sinus pétiolaire en V profond et
moins ouvert que chez le N° 1, aranéeuse, pubescente sur la nervure principale à la face inférieure ;
un peu gaufrée, vert clair.

Jeunes feuilles aranéeuses, vert pâle. Bourgeonnement duveteux, un peu bronzé (Estoppey). Ne porte
pas de fruit.

Comme le N° 1, il demande a être sulfaté une ou
deux fois, le feuillage étant quelque peu sensible
au mildiou.

A Veyrier, en 1910, année très favorable au développement de ce champignon, il s'est montré
moins sensible que le N° 1.

L'*Aramon × rupestris N° 2* résiste moins à la
chlorose que le *N° 1.*

M. Ravaz [1] dit qu'on peut le planter dans des
terres silico-argileuses peu ou pas calcaires, compactes où, grâce à ses puissantes racines, il prend un
bon développement.

En 1904, M. Gervais voulait bien nous indiquer
qu'on pouvait [2] essayer l'Aramon rupestris N° 2 dans
des terres sèches superficielles et insistait sur le mot

[1] L. Ravaz, op. cit. page 269.
[2] Voir notre réunion de diverses brochures, 1904, page 14.

essayer, les essais étant fort peu nombreux dans ces terrains là.

Nous étions absolument de cet avis et aurions eu à cette époque une tendance à planter aramon N° 2 de préférence à N° 1 dans ce cas là parce que ses racines nous semblaient d'allures moins plongeante que celle du N° 1.

D'autres praticiens aussi nous avaient dit grand bien du N° 2.

Depuis, cependant, que nous observons ce plant à Veyrier (depuis 7 ans) où il est greffé sur place en fendant vert (champ d'expériences N° 2), en terrain assez sec, nous nous demandons si rééllement aramon N° 1 n'aurait pas une résistance au moins sont aussi élevée à la sécheresse.

Aramon N° 2 a été, dans cette expérience de Veyrier, bien inférieur à Aramon N° 1. Il n'a été classé que 30ᵉ sur 33 tandis qu'Aramon N° 1 a été classé 20ᵉ. Maintenant il n'est pas dit que ce soit le terrain qui ne lui convienne pas, la taille courte a pu le gêner. Toutefois, avant d'autres essais nous préférerions aujourd'hui attendre avant de le proposer pour des terrains superficiels.

Nous aurions donc même, jusqu'à plus ample informé, plus de confiance dans la résistance à la sécheresse du N° 1.

La note de maturité moyenne d'Aramon N° 2 n'est pas mauvaise dans cette expérience : 3,27.

Dans l'expérience N° 4 à Veyrier, le Ganzin N° 2 greffé en Alicante Bouschet (cépage méridional) obtient le 7ᵉ rang sur 12 au point de vue du rendement. (gloire = 1ᵉʳ, 101-14 = 2ᵉ, 3309 = 3ᵉ, 3309 = 4ᵉ, 3309 = 5ᵉ, 1202 greffé en Pinot 6ᵉ, rupestris du Lot = 8ᵉ, 420 A ce dernier greffé en Cabernet

Sauvignon 9e, gloire = 10e, etc.) Sa note de maturité est 2, ce qui n'a au fond rien d'étonnant vu la tardivité de l'Alicante Bouschet, elle indique cependant un retard à la maturité, car d'autres cépages du Midi tels que Mourrastel Bouschet et Picquepoul Bouschet sur 3309 obtiennent 2,84, gros noir sur 3309 obtient 3,17, Petit Bouschet sur 3309 = 3,17.

L'Aramon × rupestris Ganzin N° 9.

Souche très vigoureuse, à sarments longs et forts, vert rosé, jeunes rameaux rougeâtres, légèrement aranéeux. Feuille orbiculaire moyenne, trilobée à sinus latéraux à peine marqués, dents anguleuses et larges, lobes pétiolaires rapprochés ; bullée, vert foncé, légèrement pubescente sur les nervures, pubescence plus forte aux angles de celles-ci en dessous, nervures fortement rougies en dessus. Jeunes feuilles d'un vert plus pâle.

Bourgeonnement aranéeux, vert (Estoppey.)

A Nant, en 1910, le N° 9 n'a pas souffert du mildiou, pourtant cette année a été très favorable au développement de ce champignon.

La littérature viticole contient malheureusement peu de renseignements au sujet de ce cépage.

Si sa reprise à la greffe est meilleure que celle du N° 1 et s'il est équivalent à celui-ci comme aptitudes et aire d'adaptation, il a de l'avenir, aussi il est regrettable que les essais n'aient pas été plus nombreux.

Depuis 1903, nous l'avons en essai à Nant, en terre très forte, non calcaire, il y a bien végété franc de pied jusqu'à présent; ses greffes sont trop jeunes pour que nous puissions juger.

M. Ruepp, pépinièriste à Rolle, croit qu'il est aussi bon que le N° 1.

M. le Dr Fæs a bien voulu en date du 19 mars 1910 nous écrire ce qui suit à son sujet :

« Concernant l'Aramon N° 9 je ne puis vous donner des renseignements très détaillés, car nous n'avons pas expérimenté de façon complète et comparative le dit avec 1 et 2. »

« Nous en greffons quelque peu chaque année. La reprise à la greffe *paraît* meilleure qu'avec 1 ».

« Comme résistance à la chlorose, je l'ai vu jusqu'ici supporter les mêmes doses de calcaire que le *1* et nous ne l'avons guère planté que dans les sols où le 1 se plaît aussi, surtout terres fortes, argileuses, même humides. Il serait certainement intéressant de l'expérimenter aussi dans d'autres sols. La littérature viticole contient peu ou pas de renseignements à cet égard..... ».

M. J. Guillon, directeur de la station viticole de Cognac (Charente), nous écrit en 1910 :

« J'ai essayé l'Aramon 9, jusqu'ici nous n'avons pu le noter comme supérieur au n° 1 ».

4. Colombaud ✕ rupestris Martin

Le Gamay Couderc 3103

Nous ne citons ce plant que comme mémoire et ne donnons sa description que pour qu'on puisse le reconnaître si on le reçoit en mélange.

Caractères. — Rameaux érigés, striés, verts, à
nœuds légèrement colorés de rouge. Feuille orbiculaire, trilobée à sinus latéraux supérieurs marqués, sinus pétiolaire en V, dents en deux séries,
arrondies, mucronées en rose ; gaufrée au milieu,
peu épaisse, vert mat, légèrement pubescente aux
angles des nervures en dessous. Jeunes feuilles
luisantes d'un vert plus pâles. Grappes longues, à
grains ovoïdes, noirs, moyens (Estoppey).

Ce plant n'a pas donné satisfaction dans nos
essais, les pieds périclitent et un examen des racines
nous a révélé des lésions, nous ne concluons
cependant pas, de cet examen, à la non résistance
phylloxérique dans ce cas-là, mais nous pensons que
ce fait suffit, avec la mauvaise production de ses
greffons, pour le laisser de côté. Nous devons
ajouter que si, dans l'expérience n° III de Veyrier,
le chasselas de Pouilly, sur 3103, produit peu ou
pas, c'est qu'il s'agit peut-être de greffons coulards.

Depuis quelques années les pieds vont en s'affai-
blissant fortement.

5. Chasselas $\times$ Berlandieri 41 B

(Millardet et de Grasset)

Sarments gros, anguleux, violacés, avec poils
aranéeux aux extrémités. Feuille large, orbiculaire,
3-5 lobée à sinus latéraux supérieurs marqués,
inférieurs à peine marqués, sinus pétiolaire profond, assez ouvert ; pubescente aranéeuse sur les
nervures en dessous, unie, vert foncé, brillante,

avec nervures jaune pâle en dessus. Jeunes feuilles duveteuse, cuivrées. Bourgeonnement duveteux un peu rosé.

Grappe petite, ne portant que quelques grains petits et noirs (Estoppey).

Le chasselas × Berlandieri 41 B est un porte-greffe remarquable. Depuis bientôt 20 ans, il donne de bons résultats dans les Charentes dans des terres des plus chlorosantes, contenant 50-60-70 % de calcaire et où il a été planté en grand.

Aux portes de Cognac, M. Millardet a reconstitué un grand domaine [1] avec le 41 B; le sol légèrement vallonné est constitué par de la craie presque pure. Son épaisseur sur les points élevés est de 15 cm. et de 25 à 30 cm. dans les endroits les plus bas. La teneur en calcaire varie entre 48 et 68 %.

Lors d'une année pluvieuse on a constaté un peu de chlorose à un seul endroit (1/3 d'hectare) formant cuvette et où le sous-sol est constitué par une puissante assise de calcaire marneux blanc, impénétrable à l'eau et aux racines. La chlorose a disparu une fois la cuvette ressuyée. (D'après Gervais, citation Millardet).

Nous l'avons essayé à Clapiers (Hérault), dans les terres de l'Aire et du Hangar (voir expérience XIV), en sols profonds, assez cailouteux par endroits, pas très sec pour le midi, mais qui, chez nous, seraient considérés comme tels; malgré de très fortes dose de calcaire, variant de 50-70 % et atteignant même à un endroit 76 %, ses greffons sont restés vert poireau, ce qui nous a fait conclure

---

[1] Voir P. GERVAIS, op. cit., page 63. M. Gervais y cite un article de M. Millardet, qui a paru dans la *Revue de Viticulture*.

que ce porte-greffe devrait être beaucoup plus répandu aux environs de Montpellier, du moins dans des terrains analogues à ceux-ci. Sa fructification y a été excellente. Il occupe le premier rang parmi le *420 B,* le *1202 l'Aramon* $\times$ *rupestris Ganzin,* le *Lot,* le *3309 ;* le *420 B* le suivant de près, et cependant chacun de ces plants est placé dans des carrés avec teneur en calcaire correspondant à peu près à leur résistance à la chlorose.

A Veyrier (expérience II), en terre meuble, un peu sèche, non calcaire, 41 B, sans être parmi les premiers, se comporte bien.

A Chantemerle, commune de Corsier, il en est de même en terre mi-forte, assez caillouteuse contenant de 15-20 % de calcaire, sous-sol un peu humide.

A Paluds, près Vevey, en terre très forte, il a fallu le remplacer fréquemment, la plantation ayant été faite dans de très mauvaises conditions. Aussi ne peut-on porter aucun jugement.

Chez M. Souvairan, à Creuse, par Annemasse (Hte-Savoie), dans des alluvions d'Arve, tantôt profondes, légères et caillouteuses, tantôt argileuses et de nature asphyxiante, tantôt peu profondes. Il donne toute satisfaction.

Sans avoir fait d'essais à ce point de vue, nous pensons, pour le moment, que ce n'est pas le porte-greffe convenant aux terres humides.

Son affinité avec les fendants et sa résistance phylloxérique sont bonnes.

C'est un porte-greffe de tout premier ordre et s'il est possible, probable même, que les *157-11, 420 A* et *B, 106-8* et *101-14* l'égalent ou même le surpassent, il trouvera néanmoins bien des applications chez nous. Nous ne serions pas étonné de lui voir jouer un grand rôle en Valais, ainsi que sur beaucoup de points de la Haute-Savoie.

6. Le Cabernet ╳ Berlandieri 333

synonyme Tisserand (Foex)

Rameaux vigoureux, anguleux, d'un brun foncé, rayés de couleur plus sombre, aranéeux. Feuilles grandes 5 — lobées, à sinus latéraux supérieurs profonds mais peu ouverts, inférieurs peu marqués, sinus pétiolaire en lyre avec lèvres se rapprochant dans le haut ; dents en deux séries larges et arrondies. Limbe bullé et gauffré, d'un vert foncé brillant en dessus, d'un vert plus clair et mat, nervures aranéeuses en dessous. Jeunes feuilles vert tendre, duveteuses (Estoppey).

Ce porte-greffe a été assez coté dans les champs d'expériences, il y a une douzaines d'années ; à cette époque M. J. Guillon, lequel avait été auparavant content de 333, constata que, dans les champs d'essai de la Station de Cognac, *333* souffrait des atteintes du phylloxéra, ce qui entraîna la condamnation de ce plant, sans qu'*à notre connaissance, du moins,* on eût fait de semblables constatations ailleurs.

A Veyrier, dans notre champ d'expériences II, où il est planté depuis 1900, il ne souffre pas du phylloxéra, bien que celui-ci soit abondant à cet endroit. Si sa production a été mauvaise c'est que les quelques pieds greffés que nous possédons ont été recouverts pendant longtemps par des pieds-mères situés à côté.

Qu'en sera-t-il dans la suite ?

Nous estimons qu'il serait encore prématuré de conclure à son sujet et qu'il y a lieu de poursuivre encore les essais avec ce porte-greffe, sans le recommander en pratique pour le moment[1].

La *revue de viticulture*, Paris, 35, Boul. St-Michel, nous apporte de récents témoignages de M. Grimaldi, montrant qu'en Sicile le *333* n'a pas démérité.
Il possède une résistance à la chlorose égale à celle du 41 B., reprend très facilement de greffe et de bouture.

7. — L'Aramon ✕ riparia 143 A

(Millardet et de Grasset)

Caractères. — Sarments un peu aplatis, légèrement côtelés, verts. Feuille cunéiforme, 5-lobée, à sinus latéraux supérieurs bien marqués, inférieurs à peine indiqués, dents mucronées; bullées, vert glauque en dessus, vert clair, pubescente sur les nervures, avec touffes de poils, plus longs aux angles de celle-ci à la face inférieure. (Estoppey.)

A Veyrier (expérience II), il s'est classé 24e sur 33, avec un poids moyen par cep de 0 kg 402; sa note de maturité moyenne a été 3,37, c'est-à-dire qu'il ne s'y est pas montré mauvais.

---

[1] D'après M. Richter, viticulteur-pépinièriste à Montpellier, on se serait trop presser de condamner le 333.

Il n'y a cependant pas lieu de le faire sortir de la période d'observation pour le moment, car nous avons constaté sur ses racines des lésions phylloxériques.

Tout en lui attribuant une résistance à la chlorose, égale à celle du 41 B, M. Millardet l'avait créé pour des terres plus fraîches et profondes, simplement calcaires.

8. — Les Cabernets × rupestris

Le *Cabernet × rupestris 33 A*[1] (Millardet et Grasset).

Caractères. — Souche très vigoureuse ; sarments forts un peu côtelés, d'un rouge vineux. Feuille orbiculaire, 3-5-lobée, à sinus latéraux peu marqués, sinus pétiolaire en forme de lyre, dents anguleuses, larges, en deux séries, vert foncé, se tachant de rouge vif en automne. Jeunes feuilles pliées en gouttières.

Le caractère rupestris se reconnaît surtout dans les jeunes pousses (Estoppey).

Les *Cabernets × rupestris 33* méritent d'être cités pour leur résistance à la sécheresse, ils sont doués d'une certaine résistance au calcaire, cependant moins forte que celle d'autres franco-américains[1].

Ils ont donné des résultats peu nombreux, il est vrai, dans des sols secs et superficiels, mais on ne cite pas d'échecs non plus. Cela suffirait pour qu'on expérimente leur affinité avec nos cépages et leur tenue dans notre pays.

[1] Voir P. GERVAIS, op. cit., page 62.

Chez M. Bethmont, à la Grève (Charente), ils ont réussi dans des terrains pauvres, secs, calcaires et phylloxérés.

« C'est le 33 A[1] qui, étant considéré comme le plus vigoureux, comme donnant le plus de bois, est le seul multiplié aujourd'hui à l'exception des autres ». (Gervais.)

Résumé de l'adaptation au sol des différents porte-greffes.

Nature du sol.	Plants y convenant.
Terres non calcaires, à condition qu'elles ne soient pas trop sèches ni trop humides ou superficielles, limite de calcaire 20 %, plutôt meubles ou mi-fortes.	Le riparia gloire.
Mêmes terres, mais sèches, sans excès, limite de calcaire 20 %.	Le riparia grand glabre. L'hybride azémar 215[2] L'æstivalis × riparia 199[11].
Mêmes terres sèches, sans excès limite de calcaire 15 à 20 %.	Le rupestris cordifolia 107[11]. Le cordifolia × riparia 125[1].
Mêmes terres sèches, sans excès limite de calcaire jusqu'à 25 %.	Le riparia × rupestris 11 F. Le riparia × (cordifolia × rupestris) 106[8].
Mêmes terres sèches, sans excès limite de calcaire 25 à 30 %.	Le riparia×rupestris 101×14 Le rupestris × riparia 75[1]. Le rupestris × riparia 108, 103. Le (cinerea × rupestris de Grasset)×riparia 239-6-20. Le riparia × rupestris 101 × 16 (frère du 101 × 14).

Nature du sol.	Plants y convenant.
Mêmes terres sèches, sans excès limite de calcaire 30 à 40 %.	Le riparia du Colorado ε.
	Si elles n'ont pas plus de 20 à 25 o/o.
Terres caillouteuses mélangées de terre, terres en apparence sèches mais profondes, n'étant ni sèches ni humides surtout pas sèches dans le sous-sol, situées dans de bonnes expositions chaudes, coteaux.	Les rupestris Martin. ou rupestris du Lot.
	Si elles ont 30 à 40 %:
	Le rupestris du Lot.
	Les Berlandieri ✕ riparia *420 A.*
	Les Berlandieri ✕ riparia *420 B.*
	Le chasselas ✕ Berlandieri *41 B.*
Terres fortes qui se tassent, argileuses, contenant à l'analyse une forte proportion de sable fin (cas de beaucoup de terres à argile glaciaire). Calcaire 20 %	Les riparia. Le riparia ✕ (cordifolia ✕ rupestris de Grasset) *106⁸.*
Calcaire 25 %	le 101 ✕ 14 ⎫ riparia ✕ rupestris le 101 ✕ 16 ⎭
Calcaire 25-35 %	Les riparia ✕ rupestr. *3309, 3306.*
Calcaire 40 %.	L'aramon ✕ rupestr. Ganzin *No 1.*
	Le mourvèdre ✕ rupestris *1202.*
	Les Berlandieri ✕ riparia *157 ✕ 11.*
Calcaire 45-55 %.	Les Berlandieri ✕ riparia *420 A.*
	Les Berlandieri ✕ riparia *420 B.*

Nature du sol.	Plants y convenant.
Terres contenant plus de 55 % de calcaire à condition qu'elles ne soient pas à humidité stagnante dans le sous-sol.	Le chasselas × Berlandieri *41 B.*
Terres compactes ou pas, contenant de 25 à 30 % de calcaire, très humides.	Le solonis × riparia *1616*
Terres très sèches jusqu'à de grandes profondeurs, non calcaires.	Les riparia × (cordifolia × rupestris) *106*[8]. Les cordifolia × rupestris *107*[11] Les cordifolia × riparia *125*[1].
Terres très sèches jusqu'à de grandes profondeurs, calcaires.	Le Bourrisquou × rupestris *603.* Le Cabernet × rupestris *33 A*[1]. Monticola × riparia *554 × 5.*

Terres superficielles et sèches, les plants suivants peuvent être essayés :

Terres non calcaires.	Les riparia × (cordifolia × rupestris de Grasset) *106*[8]. Le rupestris Martin (jusqu'à 25 %). Le cordifolia × riparia *125*[1]. Le cordifolia × rupestris *107 × 11.*
Terres calcaires.	L'Aramon × rupestris Ganzin *n° 1.* Le Cabernet × rupestris *33 A*[1] (jusqu'à 30-40 %). Le Bourrisquou × rupestris *603* (jusqu'à 30-40 %).

Nature du sol.	Plants y convenant.
Terres très fortes profondes et humides dans le sous-sol, même s'il y a un léger excès d'humidité, calcaire jusqu'à 55 $\%$ ou même plus.	Le Mourvèdre $\times$ rupestris 1202.
Mêmes terres calcaires jusqu'à 40 $\%$.	L'Aramon $\times$ rupestris Ganzin n° 1.

PRODUCTEURS DIRECTS

Nous n'avons pas la prétention ici de donner des indications définitives, ni complètes. La question des producteurs directs est un véritable dédale, dans lequel il est très difficile de s'orienter, d'abord parce qu'il y a des centaines et des centaines de numéros et ensuite parce que cette question est, comme toutes les questions très nouvelles, des plus discutées.

Chacun sait qu'en France, pendant longtemps, il y a surtout une quinzaine d'années, l'enseignement officiel a presque d'une façon unanime, rejeté les producteurs directs.

Une autre école, celle des hybrideurs, parmi lesquels des savants comme Couderc, les pronaient, au contraire.

Dans les deux écoles, ils se trouvaient des modérés.

Dans un cas pareil il en résulte toujours, pour ceux qui sont à distance, une grande difficulté de se faire une opinion par la littérature, les articles se contredisant nettement, fort souvent.

D'autre part, si l'aire d'adaptation des porte-greffes est définie, pour la plupart d'entre eux, par le fait qu'on en a plantés de grande surfaces, il n'en n'est pas de même de beaucoup de producteurs directs, des nouveaux, surtout. Si certains d'entre eux, le n° 1 par exemple, sont déjà vinifiés en assez grande quantité, cela n'est souvent pas le cas de beaucoup d'autres numéros et, pour avoir une idée de ce que donnerait leur vin, il faut avoir recours à des résultats de vinification faites surtout dans des laboratoires, ou à des échantillons présentés dans des concours, vinifiés en pratique évidemment à part, mais en moins grande quantité que pour les cépages connus de tout temps en France.

Toutefois, nous estimons que, s'il est faux de s'emballer, il est également faux de dire *à priori*, et sans l'avoir essayée, qu'une chose ne vaudra rien.

Parmi les adversaires des producteurs directs, on en trouve peu qui se refusent à connaître que ceux-ci pourront rendre des services dans des situations où on n'a pas le temps de soufrer ou de sulfater parce qu'il faut rentrer du foin ou du blé ; que ces plants-là n'auraient pas une application immédiate sur les hutins des environs d'Evian, par exemple, sur les treilles plantées en Savoie (Chambéry) avec des cultures intercalaires, etc. ; qu'ils soient aptes à rendre des services comme teinturiers, vin de coupage, boisson de ferme, ne fut-ce que pour remplacer la mondeuse des bords de nos murs.

Quant aux partisans des producteurs directs (nous ne parlons pas ici de ceux qui n'examinent la question qu'au point de vue de vendre tel ou tel numéro à un prix exhorbitant, à grand renfort d'appellations, telles que : Bayard, Oiseau-bleu, etc.). Quant à ces partisans, disons-nous, ils ne proposent pas d'envahir les vignobles de qualité avec des plants qui fort souvent (*nous ne disons pas toujours*) ne vaudrons pas nos vinifera.

Nous pensons que c'est exagéré de dire que la multiplication de ces cépages, dans certaines de nos régions, nuirait à celles produisant des vins de qualité, car ces cépages ne prendraient que la place de vignes produisant un mauvais ou médiocre vin blanc, qui nous parait nuire tout autant à nos vins de qualité ou de demi-qualité.

Notre impression est que, tout d'abord, au point de vue de la résistance au phylloxéra, il vaudrait mieux les greffer, mais là, il y aura lieu d'être prudent, souvent certains numéros de producteurs directs ayant du sang de Vitis lincecumii ou d'herbermont d'Aurelle, greffés sur rupestris du Lot se *thyllosent*[1]; mieux vaudrait les greffer, suivant les cas, sur riparia ou riparia $\times$ rupestris ou sur un franco-américain, le 1202 de préférence[2].

Dans nos expériences de Veyrier, l'Auxerrois $\times$ rupestris, l'Alicante $\times$ rupestris Terras, n° 20, le Seibel, n° 128, le Jurie 580, la Duchesse se portent fort bien, greffés qu'ils sont, depuis cinq ans, sur riparia $\times$ rupestris 101 — 14. Dans la littérature viticole traitant de ces cépages, on trouve déjà quelques renseignements sur les porte-greffes qui leur conviennent le mieux.

Lorsqu'on veut étudier les producteurs directs dans un vignoble donné, le mieux est de choisir,

---

[1] A l'intérieur des vaisseaux conducteurs de la plante, il se forme des *thylles*, qui sont dûs au fait que les cellules vivantes avoisinant les vaisseaux, poussent à l'intérieur de ceux-ci et, en se soudant les unes aux autres, arrivent à les obstruer complètement.

[2] Disons aussi que MM. Desmoulins et Villard disent dans leur intéressante étude des producteurs directs (voir *Progrès Agricole*, du 2 octobre 1910 et numéros suivants, L. Degrully, directeur, rue Albisson, 1, Montpellier) que souvent le greffage modifie tantôt en bien tantôt en mal la valeur des producteurs directs.

11

parmi les numéros cultivés ailleurs, ceux qui paraissent devoir convenir le mieux et de se créer un petit champ d'expériences, dans lequel chaque numéro sera observé en souches greffées et non greffées et, au bout de quelques années, faire passer des essais à une pratique prudente, plus ou moins étendue suivant les situations, les numéros qui ont donné les meilleurs résultats.

La plus grande pierre d'achoppement consisterait dans la qualité inférieure ou plutôt dans le goût différent de beaucoup de vins d'hybrides. La plupart des nouveaux numéros produisent des raisins qui ne sont pas *foxés* comme les anciens, mais beaucoup sont plats.

Nous ne croyons pas qu'on ferait une bien grande erreur de les essayer, non pas au Dézaley ou à Yvorne ou même ailleurs, pour remplacer les vins de qualité, mais sur des surfaces restreintes pour commencer dans les vignes du sommet du vignoble, dans les expositions plus en plaine qu'ailleurs, etc. et surtout dans les exploitations mixtes.

Pour notre part, nous allons en planter à Nant 2 fossoriers sur 40.

Un bon blanc, pouvant couper (souvent ces producteurs donnent un fort degré alcoolique), dans une certaine proportion, des produits de fendant moyen, ne rendrait-il pas des services? on en a tellement assez de sulfater et de soufrer !

La question de la production des vins de coupage teinturiers est aussi intéressante à étudier.

Nous ne publierions pas cela en ces termes dans une région où on aurait le caractère à s'emballer, mais nous savons que ce n'est pas le cas. Nous ne voulons en rien contredire ce que nous avons dit dans notre *Essai d'ampélographie vaudoise*[1], mais nous avons l'impression que nos lecteurs sauront fort bien ne pas s'exagérer ce que nous disons ici.

Nous estimons utile de parler de quelques-unes des vignes américaines ou européennes qui ont servi à l'hybridation d'une partie des producteurs directs dont il va être question :

Principales vignes américaines ou européennes ayant servi à l'hybridation des producteurs directs expérimentés.

Vitis Lincecumii, d'après Ravaz, op. cit.

« *Habitat.* : Sud du Missouri, au nord du Texas « et est de la Louisiane.

« *Observations.* — Le V. Lincecumii a les carac-« tères du V. Aestivalis[2]; et avec M. Munson, on « pourrait en faire une variété de cette dernière. « Il s'en distingue par la grosseur des grains de la « grappe. Ce n'est pas là une différence importante. « Dans le V. Vinifera, il y a des variétés à très « petits grains et d'autres très nombreuses aussi, « à grains énormes. Elles n'en appartiennent pas « moins au V. Vinifera. Pourquoi la grosseur des « baies, d'importance nulle, en aurait-elle une très « grande là ?

« Les grosses baies ont d'ordinaire de gros et

---

[1] *Essai d'ampélographie vaudoise*, par J. BURNAT et I. ANKEN. (Georg et Cie, Libr. Édit. Genève 1911).
[2] Voir la description du Vitis æstivalis dans la partie de cet ouvrage traitant des Porte-Greffes, au groupe des Américains purs (page 47).

« longs pépins. Le V. Licencumii a des pépins plus
« gros que V. Aestivalis. Peut-être sont-ils aussi un
« peu différents dans la forme.

« En tous cas les caractères végétatifs sont les
« mêmes dans les deux espèces.

. . . .

« *Aptitudes*. — Mêmes aptitudes que le V. Aes
« tivalis. Seulement cette vigne porte de beaux
« grains sucrés, agréables et de belles grappes. Ce
« sont des grappes aussi grosses, aussi denses que
« celles de nos meilleurs Vinifera. Toutefois, les
« représentants de cette espèce, essayés en France,
« n'ont pas donné les résultats qu'on en pouvait
« attendre. Cela est dû, je pense, au système de
« taille qui leur a été appliqué. A la taille courte,
« leur production est à peu près nulle. A la taille
« longue, elle doit être plus considérable et suffi-
« sante. Il va sans dire que ces vignes se plaisent
« surtout dans les pays chauds : le Centre de la
« France ne saurait leur convenir[1] ».

Le Vitis Lincecumii entre pour une part dans la
composition de nombreux producteurs directs,
notamment ceux créés par M. Seibel qui sont, pour
la plupart, des Rupestris-Lincecumii × Vinifera.

Senasqua (Underhill).

Caractères, d'après Ravaz, page 283, op. cit.
Feuille orbiculaire « 5-lobée à sinus latéraux :
« supérieur profond, inférieur assez profond ; dents

[1] Ravaz, op, cit., pages 327-28.

« anguleuses, larges ; cotonneuse en dessous ; on-
« dulée, très bullée, vert foncé, tachée de rouge,
« nervures, rosée en dessus ; grande.

« Feuilles jeunes cotonneuses, vert blanchâtre.
« Bourgeonnement contonneux blanc fauve. Ra-
« meaux duveteux, à poils massifs, vert rouge.
« Grappe à grains ronds, noirs, moyens, pulpeux,
« peu foxés, serrés ; grosse, cylindro-conique.

« *Observation*. — Hybride de Clinton et de Black-
« Prince. Rappelle surtout le *V. Labrusca*[1] par son
« feuillage, sa grappe est plutôt *Vinifera*.

« *Aptitudes*. — Trop tardive pour beaucoup de
« régions des Etats-Unis, cette vigne y a été peu
« propagée.

« En France, elle a été peu appréciée : « Presque
« aussi recherchée, dit Champin, que l'Othello dans
« quelques régions de l'Est et du Centre, à cause
« de la beauté de ses raisins et surtout de son
« débourrage tardif qui le met à l'abri des gelées
« printannières.

« Mûrit tard. Pourrait être cultivée, greffée sur
« racinés résistants. Elle donne un vin coloré. Craint
« peu les maladies cryptogamiques ».

A servi à M. Couderc dans plusieurs de ses hybridations. Il entre entre autre dans la composition des
117-4 et 117-3, obtenu par ce viticulteur. Le 117-3
a une feuille aussi profondément découpée que celle
du Senasqua.

Le Delaware qui a servi à l'hybridation de la
Duchesse, serait un hybride de V. labrusca et

---

[1] Voir la description du Vitis labrusca dans la partie de cet
ouvrage ayant trait aux porte-greffes «américains purs», page 44).

V. vinifera, mais, d'après M. Millardet (voir Ravaz, op. cité, page 308), le V. aestivalis y entrerait aussi pour une part.

« Le vitis Aestivalis (Ravaz) se retrouve, en effet, dans la forme, les rugosités de la surface des feuilles ; et il explique les qualités des fruits. Le V. Labrusca est apparent dans un très léger goût de fox de la grappe, le tomentum de la feuille ; le V. Vinifera, dans la forme des pépins ét les qualités du fruit, et dans les facultés d'adaptation au sol.

« Ce cépage est une des meilleures d'origine américaine. Ses fruits, un peu charnus ou pulpeux sont agréablement parfumés et très sucrés... ».

Cette variété était cultivée en Amérique par M. Ph. Provort, viticulteur américain, d'origine suisse, qui cultivait depuis longtemps des variétés enropéennes.

Le concord, voir Ravaz op. cit., page 61 est un V. Labrusca qui a aussi servi à l'hybridation de la Duchesse est une variété intéressante. Une des meilleure et des plus répandues d'Amérique. Ses fruits bien murs sont très beaux et sont recherchés en Amérique pour la table.

Le goût de ses raisins est foxé, mais son vin, en France, est peu foxé si on l'égrappe.

Le cinsault est un raisin de table apprécié dans l'Hérault (voir Foëx, *Cours complet de viticulture, 1895*, Montpellier, C. Coulet, lib.-édit., page 163), il y est cultivé comme tel surtout, mais donne un excellent vin, peu coloré, d'un bouquet particulier et a₀réable.

Les terrains chauds et substantiels lui conviennent.

Ce cépage joue un rôle important à St-Georgesd'Orques (Hérault) et on peu attribuer à sa présence une partie des qualités du vin que l'on y récolte.

D'après Foëx :

« Souche moyennement ou peu vigoureuse, port étalé, sarment de longueur moyenne, grêles, à méri-thalles allongés, nœuds de volume moyen. Feuilles assez grandes, bien que plus petites que celle de *l'œillade*, plus découpées, sinus pétiolaire étroitement ouvert, sinus latéraux supérieurs profonds et étroits, inférieurs moins profonds ; glabres à peu près lisse et d'un vert plus pâle que celle de *l'œillade* à la face supérieure, cotonneuse à la face inférieure. Grappe grosse cylindro-conique, un peu rameuse, plus ou moins lâche ; *pédoncule* herbacé. Grains plus gros que ceux de *l'œillade*, d'un beau noir, pruiné à la maturité, croquants d'une saveur fraîche et agréable ».

Le cinsault, dit-on, a servi à l'hybridation du Seibel n° 1.

Le piquepoul qui a servi à hybrider le 96×32 Couderc est décrit par Foëx, page 167, op. cit. C'est un cépage du Languedoc, sa maturité est tardive. Sa souche est vigoureuse, ses *sarments* érigés sont assez gros, à méritalles courts, à nœuds renflés, rouge clair, rayés. Ses feuilles moyennes quinque-lobées, à sinus pétiolaire et latéraux profonds, presque fermés ; face supérieure d'un vert gai. *Grappe* moyenne, assez ailée. *Grains* petits, légèrement ovoïdes noirs, très juteux, à peau fine, à jus doux.

Maturité tardive.

Donne un vin fin et délicat, peu productif, pourrit facilement. Peut prospérer dans les terrains arides et pauvres ; ce sont les sols caillouteux, un peu forts ou marneux qui lui conviennent le mieux. Est sujet à la coulure et redoute peu les gelées. (D'après Foëx.) *Un Alicante Bouschet* a servi à l'hybridation de l'Alicante Terras n° 20. Foëx décrit, pages 173 à 175 de son cours *Cours complet de Viticulture*, trois types d'alicante Bouschet, en faisant remarquer que M. Henri Bouschet de Bernard en mentionnait dans la traduction de l'*Essai d'ampélographie* de Rovasenda, six types.

Les Alicante Bouschet sont des cépages teinturiers (hybrides créés par M. Bouschet entre un cépage de l'Hérault et le *teinturier du Cher*, ce sont donc des vinifera par vinifera), employés dans le Languedoc.

Donnons maintenant quelques renseignements sur les producteurs directs, expérimentés à Veyrier et à Nant. Nous répétons encore une fois que nous ne donnons beaucoup des dits renseignements qu'à titre d'indication qui proviennent soit de la littérature viticole, soit de ce que nous avons entendu dire dans nos tournées, soit aussi de ce que plusieurs auteurs et hybrideurs ont bien voulu nous écrire, avec beaucoup d'obligeance. — Cependant les numéros de Seibel qui suivent ont été essayés à Veyrier, exp. n° VI, voir vol. II et le numéro de Couderc à Nant, exp. XIII.

Rappelons aussi que dans notre vol. II, nous avons, au point de vue résistance au mildew, divisés les producteurs en trois catégories : 1° ceux qui ne sont presque pas atteints et qu'il ne faut sulfater qu'en cas de grande invasion ; 2° ceux peu atteints, mais qu'il vaut mieux sulfater en tout temps une ou deux fois ; 3° ceux qui ont toujours besoin d'être sulfatés deux ou trois fois, mais qui cependant résistent mieux que les vinifera purs.

I. Hybrides producteurs directs essayés à Veyrier-sous-Salève
(canton de Genève, Suisse) et à Étrembières (Hᵗᵉ-Savoie)

Le Seïbel n° 1 (rupestris $\times$ lincecumii $\times$ vinifera)

Le vinifera ayant servi à l'hybridation est dit-on le Cinsault, raisin de table de l'Hérault. Sa feuille est cunéiforme (pas franchement asymétrique) : Anken.

D'après Ravaz [1] « il rappelle à la fois le Vitis lince-
« cumii et V. vinifera, ce dernier étant dominant
« dans le feuillage, il ne pourrait être cultivé franc
« de pied que dans des sols profonds ou frais ou
« sablonneux.

 « La production est élevée : on a obtenu près de
« 150 hl. à l'hectare.

 « S'il résiste au mildiou et a l'oïdium, il crain-
« drait l'anthracnose et ne serait pas à l'abri du
« Black rot [2].

 « Le vin est très coloré, plutôt peu alcoolique [3].
« Produit avec des raisins peu mûrs, il est d'assez
« bonne qualité pour être consommé pur, il est

---

[1] RAVAZ, op. cit., p. 329.
[2] Au moment où ces lignes vont être envoyées à l'imprimerie, paraissent les articles intéressants de MM. Desmoulins, prof. d'agriculture, et Villard, propriétaire à St-Vallier, Drôme. (*Progrès agricole* de Montpellier, nᵒˢ 40 et 41 de 1910 et 3 de 1911). Seïbel 1 a obtenu à St-Vallier en 1909 nne très bonne note de résistance au mildew, mais les auteurs disent : est plus sensible que d'autres à l'anthracnose et à l'oïdium.
[3] Au moins celui sur greffes de rupestris (Ravaz).

« solide, mais il constitue surtout un bon vin de
« coupage. Le goût particulier qu'il possède est peu
« marqué et ne déprécie pas les vins auxquels on
« le mélange. »

Son moût est assez coloré, cependant moins
que celui du gamay fréaux [1].

M. Gervais dit dans ses *Etudes pratiques sur la
reconstitution* que le Seibel n° 1 [2] est de deuxième et
même de troisième époque, mûrissant une dizaine
de jours après le Gamay, ce qui en rendrait la culture peu avantageuse pour l'est et le nord de la
France.

M. Seibel, avec une conscience qui l'honore, nous
écrit en date du 15 mars 1910 qu'il doute que
son n° 1 mûrisse ses raisins convenablement en
Suisse.

Qu'il nous soit permis de dire que si en effet le
Seibel n° 1 a, à Veyrier, mûri ses raisins quelques
jours après le Gamay, il y a obtenu de bonnes notes
de maturité ; l'exposition de la pépinière de Veyrier
n'est cependant pas une des meilleures, comme
nous avons pu le voir dans les généralités ayant
trait aux champs d'expériences de Veyrier. Puisque
le Seibel n° 1, dans une plaine inclinée *très légèrement*, a obtenu en moyenne une note [3] de maturité
de 4.12, il nous semble qu'il pourrait fort bien

---

[1] M. G. Héron, dans son rapport sur les hybrides producteurs
directs et le mildew (voir compte-rendu de l'assemblée générale de la
Société des Agriculteurs de France en 1911, 4me fascicule, page 572),
classe le Seibel n° 1 parmi les hybrides extrêmement colorés.

[2] Etudes pratiques sur la reconstitution P. Gervais 1900. C. Coulet
et fils, éditeurs, Montpellier, p. 130 et 131.

[3] (Note qui n'est dépassée que par la Duchesse 4.13 et deux Chasselas).

mûrir en coteau dans notre région, quitte à le réserver pour de bonnes expositions[1].

M. Gervais[2] disait en 1900 que tout le monde s'accordait alors pour dire que le vin de ce numéro était le meilleur des vins de producteurs directs.

M. Ganzin n'hésite pas à dire que des vins français de qualité courante et moyenne, il en est peu qui lui soient supérieurs.

Au sujet de son vin, M. Seibel veut bien nous écrire en date du 15 mars 1910 ce qui suit :

« Le vin du n° 1 a obtenu en 1903 le 1er prix,
« une médaille d'or, au concours régional de Privas,
« parmi les concurrents, il y avait des vins des
« l'Hermitage. En Algérie, le n° 1 donne des vins
« de 14°, dans le Gard de 13°, dans l'Ardèche,
« suivant les années, de 8 à 12°, dans le Lyonnais de
« 6 à 8°. »

D'après M. Ravaz, l'aire d'adaptation au sol du n° 1 serait peu étendue quand même il s'agit d'un demi-vinifera. Il craindrait le calcaire presque autant que le riparia, étant donné que le V. rupestris et le V. Lincecumii sont des espèces très chlorosantes.

A Veyrier il n'a pas chlorosé ; sans être élevés, les pourcentages calcimétriques du champ d'expériences n° IV varient, nous l'avons vu, entre 14 et 28 %,

---

[1] Au moment où ces lignes vont aller à l'imprimerie paraît dans la *Revue de viticulture* n°s 884 et 885 de 1910 (Nov. et Déc.) l'intéressant article de M. Roy-Chevrier, propriétaire-viticulteur en Bourgogne « La revanche des directs ». L'auteur, tout en disant que le Seibel n° 1 n'est pas un des mauvais producteurs, dit qu'il ne mûrit pas assez tôt chez lui.

[2] Voir page 131 de l'ouvrage précité.

Jusqu'à plus ample informé, classons-le en ce qui concerne la chlorose pour notre région à côté du riparia Gloire, étant donné surtout qu'on ne peut le planter franc de pied que dans des sols frais, par conséquent souvent un peu humides, où la chlorose est toujours plus à craindre que dans les sols secs. Cela ne serait pas le cas des sols siliceux où il peut également résister.

M. Baltzinger, au moment où nous envoyons ces lignes à l'imprimerie, nous communique l'observation suivante : « Ce numéro a un peu souffert en « 1911 (année exceptionnellement sèche), à Vey- « rier, dans notre champ d'expériences n° VI (terre « meuble, alluvions d'Arve mêlés à un peu de « glaciaire, sol assez profond), a un peu souffert, « disons-nous, de la sécheresse, mais, néanmoins, « c'est la variété qui, d'entre tous nos produc- « teurs directs en expérience, a donné la plus « grande récolte cette année. »

Le *4401 Couderc (chasselas rose $\times$ rupestris)*

Sa feuille est cunéiforme (Anken). D'après M. Ravaz, son feuillage serait au moins aussi vinifera que rupestris. Il produirait beaucoup d'un vin neu- tre ou presque neutre, plutôt agréable, très coloré [1], contenant seulement la dose normale d'extrait sec.

Dans les collections de l'école de Montpellier il se

---

[1] Nous relevons dans les observations faites par M. Baltzinger le 28/9 1911 sur notre champ d'expériences des producteurs directs, à Veyrier, la note suivante : Le jus du 4401 est un peu rosé, mais bien moins que celui du gamay fréaux.

serait montré comme assez sensible à l'oïdium et craignant peu le mildew.

M. J. Roy-Chevrier, dans son rapport sur les producteurs directs et le mildiou (voir compte-rendu de l'assemblée générale de la Société des Agriculteurs de France en 1911, 4e fascicule, pages 561 et 562), classe le Couderc 4401 parmi les variétés de producteurs directs qui ont conservé en 1910 (l'année où toutes les vignes ont été fortement éprouvées par le mildiou), ont conservé, disons-nous, la majeure partie de leur récolte sans traitement contre le mildiou.

M. Ravaz dit que ses grappes, tout en étant nombreuses, 3 à 4 par sarment, seraient volumineuses. M. Baltzinger estime qu'à Veyrier il aurait, tout en accusant un rendement relativement fort, produit plutôt des grapillons.

Le 4401 est vigoureux, comme la plupart de ces producteurs directs, la taille longue (taille Guyot) est celle qui lui convient.

Au printemps 1911, le 4401 a beaucoup souffert de la chlorose dans notre champ d'expériences n° VI, à Veyrier, par contre il a très peu souffert de la sécheresse pendant l'été 1911.

Nous estimons qu'il n'est pas à rejeter. Il en est de même du *Couderc 4402*, feuille trilobée, cunéiforme, glabre, d'un vert mat, sinus pétiolaire ouvert, dents arrondies, mucronées, en deux séries.

Rameaux rouges, un peu anguleux, pruinés. Grappes à grains rouges. (Anken).

M. Baltzinger nous dit que le 4402 s'est montré moins résistant au mildiou que le 4401 pendant ces dernières années. Dans notre champ d'expériences n° VI, à Veyrier, le 4402 a passablement souffert de

la chlorose au printemps 1911 ainsi que de la
sécheresse pendant l'été 1911.

Son jus a été légèrement rosé à l'examen fait sur
place dans notre champ d'expériences n° VI, à Veyrier, le 28/9 1911.

Seibel n° 2007. Feuille cunéiforme, trilobée, à
sinus latéraux peu marqués, sinus pétiolaire en lyre,
dents larges, souvent arrondies, mucronées, en
deux séries. Quelques poils sur les nervures à la
face inférieure de la feuille. Rameaux cylindriques,
pruinés. (Anken).

Dans sa lettre du 15 mars 1910, M. Seibel nous
écrit que c'est un gros producteur d'un beau vin
moins alcoolique que celui du 128.

Chez nous il exigerait des sulfatages, mais moins
qu'un vinifera.

Le Seibel n° 2007 a légèrement souffert de la
sécheresse pendant l'été 1911, dans notre champ
d'expériences n° VI, à Veyrier.

D'après Desmoulins et Victor Villard [1] il est teinturier.

Selon les observations faites par M. Baltzinger, à
Veyrier, le 28/9-1911, son jus avait une jolie teinte
rosée, moins accentuée toutefois que celui du
gamay fréaux.

M. Roy-Chevrier, dans son rapport sur les Producteurs directs et le mildiou, présenté à la Société
des viticulteurs de France [2], classe le Seibel 2007
parmi les variétés qui se contentent dans les années
ordinaires d'un seul sulfatage.

[1] Voir *Progrès agricole* n°s 3, 4 et 5 année 1911. « Les hybrides
producteurs directs dans les Côtes du Rhône.
[2] Voir le dit rapport (page 132) dans le compte-rendu 1911 de la
Société des Viticulteurs de France.

M. Héron, dans son rapport sur les Producteurs directs et le mildiou, présenté à la Société des viticulteurs de France[1], classe le Seibel n° 2007 parmi les variétés qui ont montré en 1910, dans la Haute-Garonne du moins, une immunité manifeste. Ce même auteur dit entre autres que cette variété débourre de bonne heure, elle est sensible à la gelée, mais ses deuxièmes bourgeons sont fructifères, ses sarments s'aoûtent difficilement, il n'en reste pas moins intéressant; son vin est coloré et bon[2].

Seibel 128 (rupestris $\times$ lincecumii) $\times$ vinifera. Feuilles cunéiformes (Anken).

D'après Ravaz, les feuilles paraissent être aussi lincecumii que vinifera.

« Grappes à grains ronds, noirs, moyens, assez serrés, juteux, très colorés, à goût franc.[3] »

M. Ravaz l'indique comme étant de première époque de maturité; à Veyrier et franc de pied sa note de maturité a été de 3,8, greffé sur 101 $\times$ 14 il a obtenu la note 4 = bien.

Nous avons trouvé sa résistance au mildew assez bonne et l'avons rangé dans la catégorie de ceux ayant besoin d'un ou deux sulfatages. M. Seibel[4]

[1] Voir le dit rapport (page 142) dans le compte-rendu 1911 de la Société des Viticulteurs de France.

[2] M. Roy-Chevrier dit dans son article « La Revanche des directs », n°s 884 et 885 de la *Revue de viticulture* 1910, que le 2007 a gardé cette année-là (l'on sait quelle virulence les attaques de mildew ont atteint en 1910) toute sa récolte. Cela serait, ajoute-t-il, peut-être le plus recommandable de la série Seibel, s'il n'aoûtait mal ses bois.

[3] Dans notre champ d'expériences de Veyrier, le 28/9 1911, son jus était d'un joli rouge, un peu moins teinté toutefois que celui du gamay fréaux.

[4] Voir Ravaz, page 331.

dit que ce numéro est très résistant aux maladies cryptogamiques, en effet, si à Veyrier il a été dépassé à ce point de vue par Seibel nº 1, Couderc 4401 et 4402, il a fort bien résisté au mildew en 1903, année d'attaque intense.

M. Héron, dans son rapport présenté à la Société des viticulteurs de France (voir page 143 du compte-rendu de la dite Société), classe le Seibel 128 parmi les hybrides colorés mais qui ont besoin d'un ou de deux traitements contre le mildiou.

Voici la note de cet auteur sur le Seibel 128 : « Est extrêmement intéressant ; belle production, couleur intense sans être un des plus forts teinturiers ; un traitement suffit pour mener à bien sa récolte ; ses racines, en bon terrain, sont parfaitement résistantes bien que pendant quelques années on les ait considérées comme sensibles au phylloxéra. Il semble que ce soit au calcaire qu'elles se montrent plutôt sensibles. »

D'après M. Seibel, 128 produit en Algérie un vin de 14 ½º et dans le Gard de 13º. Sa résistance au phylloxéra serait, d'après M. Ravaz, presque nulle, il y a donc lieu de le greffer. [1]

M. Baltzinger, au moment où nous envoyons ces lignes à l'imprimeur, nous communique l'observation suivante : « Dans notre champ d'expériences nº VI de Veyrier (terre meuble, alluvions d'Arve mêlés d'un peu de glaciaire, sol assez profond), le Seibel 128 a un peu souffert de la sécheresse pen-

[1] M. Roy-Chevrier dit (voir nº 884 de la *Revue de viticulture* 1910) que le Seibel 128 a perdu toute sa récolte par le mildew en 1910, greffé sur rupestris du Lot ; que franc de pied il a été un peu moins mauvais. Sa résistance phylloxérique serait, d'après cet auteur, meilleure qu'on ne l'avait annoncé.

dant l'été 1911, mais guère plus que les vinifera greffés plantés à côté.

Seibel n° 182 (rupestris $\times$ lincecumii) $\times$ vinifera). Feuilles cunéiformes. (Anken).

D'après Ravaz [1] : « grappe à grains ronds, noirs, sous-moyens, serrés, juteux, très colorés, petite, première époque [2] ».

A Veyrier il n'est classé que cinquième comme maturité, note 3.6. M. Seibel veut bien nous écrire également qu'il doute que 182 mûrisse ses produits en Suisse, tout en étant moins affirmatif qu'au sujet du n° 1. Nous pensons qu'il pourra mûrir sur nos coteaux et même en plaine légèrement inclinée (Bassin du Léman), mais on pourra être un peu plus prudent avec lui.

A Nice, le vin de 182 a obtenu une médaille d'argent, renseignement donné par M. Seibel.

D'après M. Ravaz, vin de 8 à 9° d'alcool, 25 d'extrait sec, très coloré.

D'après le même auteur, il ne résisterait pas au phylloxéra. La résistance au mildiou serait marquée mais il serait plus faible à l'oïdium.

A Veyrier, il a été classé au point de vue résistance aux maladies, dans la troisième catégorie, en premier rang il est vrai. Le fait du reste que sa production est bonne montre qu'il pourrait rendre des services.

MM. Desmoulins et Victor Villard l'indiquent dans leurs *Nouvelles observations sur les Hybrides producteurs directs dans les Côtes-du-Rhône* (voir

[1] Voir Ravaz, op. cit.
[2] M. Baltzinger a noté dans ses observations faites le 28/9 1911 sur notre champ d'expériences n° VI de Veyrier, que son jus présente une jolie coloration moins accentuée toutefois que celle du gamay fréaux.

Progrès agricole du 9 octobre 1910, page 437),
comme peu fructifère. A Veyrier, dans notre champ
d'expériences n° VI, sa production a été faible en
1911. Dans ce même champ d'expériences, le Seibel
182 a légèrement souffert de la sécheresse pendant
l'été 1911.

Seibel n° 14 (rupestris $\times$ lincecumii) $\times$ vinifera.
Feuilles cunéiformes. (Anken).

D'après Ravaz « le feuillage de ce numéro paraît
« être entièrement vinifera, par l'épaisseur de la
« feuille il rappelle le V. rupestris, mais le rôle de
« cette espèce est très peu marqué. Dans le fruit
« c'est le V. vinifera qui domine. On dirait un
« raisin d'une de nos variétés européennes.

M. Baltzinger, dans ses observations du 28/9
1911 sur notre champ d'expériences de Veyrier, dit
que cette variété n'a que très peu de raisins à jus
non coloré.

Vinifié en blanc, n° 14 obtient, d'après M. Seibel,
un diplôme de médaille d'argent au concours agricole à Paris.

D'après M. Ravaz, son vin serait léger, très peu
coloré : un vin de vinifera.

A Veyrier, il a bien mûri et est un de ceux de la
seconde catégorie qui a le mieux résisté au mildiou,
aurait cependant besoin d'un ou deux sulfatages.

M. Roy-Chevrier, dans son rapport sur les producteurs directs et le mildiou, présenté à la Société
des viticulteurs de France (voir page 133 du compte-
rendu 1911 de cette Société), classe le Seibel n° 14
avec les producteurs directs dont la sensibilité au
mildiou est à peu près analogue à celle des vinifera.

Dans notre champ d'expériences de Veyrier, cette

variété a un peu souffert de la sécheresse pendant l'été 1911.

M. Ravaz dit qu'il paraît cependant résistant au mildew et à l'oïdium, mais qu'il craint beaucoup la pourriture grise.

Quoiqu'on ait dit que le 14 était résistant au phylloxéra, M. Ravaz estime que c'est plus que douteux. Il faut donc le greffer et le tailler long.

Seibel nº 209 (rupestris ✕ lincecumii) ✕ vinifera.

D'après M. Ravaz, la feuille est exactement celle d'un vinifera. La grappe est très belle à goût fade.

M. Seibel estime qu'il produit un beau et excellent vin de consommation et de coupage.

Dans notre champ d'expériences de Veyrier, M. Baltzinger a noté dans ses observations du 28/9 1911 que son jus était légèrement coloré.

A Veyrier, il n'a pas mal mûri quoiqu'il ne se soit pas classé parmi les premiers.

Il aurait besoin d'être sulfaté chez nous. Quoique sa résistance au mildiou soit plus élevée que celle d'un vinifera, il est le dernier, à ce point de vue, de la liste de ceux observés à Veyrier pendant cinq ans. Malgré cela il s'est montré productif.

M. Roy-Chevrier, dans son rapport présenté à la Société des viticulteurs de France sur les Producteurs directs et le mildiou (voir page 133 du compte-rendu 1911 de cette Société), classe le Seibel 209 avec les producteurs directs dont la sensibilité au mildiou est à peu près analogue à celle des vinifera.

Sa résistance au phylloxéra serait faible (Ravaz).

Pendant l'été 1911, le Seibel 209 a beaucoup

souffert de la sécheresse dans notre champ d'expériences n° VI, à Veyrier.

Seibel n° 181 (rupestris × lincecumii) × vinifera. Feuille cunéiforme. (Anken).

D'après M. Ravaz : « grappe à grains ronds, « noirs, moyens, peu serrés, *à jus coloré*, franc de « goût. Vin de 9 à 10°, 22 d'extrait sec, assez « coloré. »[1]

D'après le même auteur, sa résistance au mildiou et à la pourriture grise est assez marquée.

M. Seibel doute que ses produits mûrissent suffisamment chez nous. Cependant, à Veyrier, il n'a pas obtenu une mauvaise note de maturité, soit 3,6. Sa résistance au mildiou n'a pas été mauvaise, il vaut toutefois mieux lui donner un ou deux sulfatages.

D'après M. Héron (voir page 144 du compte-rendu 1911 de la Société des viticulteurs de France) dans son rapport sur les Producteurs directs et le Mildiou : « Le Seibel 181 se laisse attaquer par le mildiou les années favorables au développement de ce terrible champignon ; on peut le défendre avec un sulfatage ; il produit en abondance. Ses raisins sont au-dessus de la grosseur moyenne. »

D'après Ravaz, il aurait la même résistance au phylloxéra que l'Othello, c'est pourquoi il est préférable de le greffer. Dans notre champ d'expériences n° VI de Veyrier, il a beaucoup souffert de la sécheresse en été 1911.

Seibel n° 156 (rupestris × lincecumii) × vinifera.

[1] M. Baltzinger, dans ses observations du 28/9 1911 sur notre champ d'expériences n° VI, à Veyrier, a noté que le jus du Seibel 181 est légèrement coloré, cependant bien moins que celui du gamay fréaux.

D'après Ravaz, il paraît plus voisin de V. vinifera par son feuillage que du lincecumii.

« Feuille cunéiforme. Grappe à grains noirs, « sous-moyens, peu serrés, jus colorés, goût franc ; grande. Première époque. »[1]

Si l'on en croit la littérature viticole, le vin du 156 serait bon.

M. Ravaz dit son vin bon, surtout pour les coupages.

M. Seibel nous écrit que 156 donne en Sicile des vins de 16° ; depuis plusieurs années ses vins sont classés les premiers aux concours de vins de Toulouse.

Son vin titrerait 8-9°, 23 d'extrait sec dans les champs d'expériences de Montpellier. (Ravaz).

A Veyrier, sa résistance aux maladies n'a pas été mauvaise ; il aurait besoin chez nous d'un ou deux sulfatages.

M. Héron, dans son rapport présenté à la Société des viticulteurs de France (voir page 143 du compte-rendu 1911 de la dite Société), classe le Seibel 156 parmi les variétés qui sont d'une résistance incontestable mais qui réclament un ou deux traitements contre le mildiou. Cet auteur dit en outre que le Seibel 156 possède de très bonnes racines ; son vin est extrêmement coloré ; il est parfois coulard, mais a le mérite de débourrer tard et de mûrir tôt ; il est, en réalité, très recommandable.

D'après Ravaz sa résistance phylloxérique serait supérieure à celle de l'Othello.

On pourrait donc l'essayer franc de pied dans des

---

[1] Au moment d'imprimer, M. Baltzinger nous communique les observations suivantes : Dans notre champ d'expériences n° VI de Veyrier, le 28/9 1911, le jus du Seibel 156 avait une jolie teinte rosée, il était presque aussi coloré que celui du gamay fréaux.

terres peu phylloxérantes, mais mieux vaudrait, jusqu'à preuve du contraire, le greffer. Dans notre champ d'expériences de Veyrier, il a un peu souffert de la sécheresse pendant l'été 1911.[1]

Ce numéro est intéressant.

Seibel n° 117. Feuille trilobée, cunéiforme, à sinus latéraux supérieurs souvent profonds, sinus pétiolaire ouvert, dents mucronées, en deux séries. Quelques poils sur les nervures à la face inférieure de la feuille. Rameaux anguleux, rouges, pruinés. (Anken).

Suivant M. Seibel, donne un vin foxé.

M. Roy-Chevrier, dans son rapport sur les producteurs directs et le mildiou, présenté à la Société des viticulteurs de France (voir pages 131 et 133 dans le compte-rendu 1911 de la dite Société), classe le Seibel 117 parmi les variétés dont la sensibilité au mildiou est à peu près analogue à celle des vinifera.

Dans ses observations du 28 septembre 1911, sur notre champ d'expériences n° VI, à Veyrier, M. Baltzinger dit que son jus est légèrement rosé.

Dans ce même champ d'expériences, le Seibel 117 a beaucoup souffert de la sécheresse pendant l'été 1911.

Seibel n° 127. Très semblable au précédent, mais le sinus pétiolaire est souvent fermé, la feuille est grande et d'un vert plus clair. Celles de la base sont parfois à 5 lobes. (Anken).

[1] M. Roy-Chevrier dit (voir n° 884 *Revue de viticulture* 1910) de ce cépage : « Excellent cépage, vigoureux, sain et de première époque. Très coulard à la floraison. Pour retenir son fruit, demande la taille longue et une adaptation dont il reste à déterminer les conditions. » Il semblerait, ajoute-t-il, nettement affirmer sa résistance phylloxérique.

M. Seibel dit qu'il donne un vin bien ordinaire.[1]

Seibel 2006 serait peut-être plus intéressant que
ces deux derniers, quoique d'après les résultats de
nos expériences de Veyrier il semble exiger des sulfatages. D'après M. Seibel, il produirait un vin clai-
ret comme les gamay de plaine, assez alcoolique,
bien droit de goût, bon ordinaire.[2] A Veyrier, s'il
n'est pas bien classé comme maturité, c'est parce
qu'il a eu une année la note 1 = mauvaise, tandis
que les autres années il obtenait la note 4 = bien.
Sa note moyenne de maturité 3.20 ne l'excluerait
pas des essais à faire. Son rendement moyen 0.594
par cep, quoique plus faible que celui d'autres
numéros, ne l'excluerait pas non plus des essais.

Le fait qu'il exige des sulfatages dans nos régions
serait à notre avis son point faible.

M. Héron, dans son rapport sur les producteurs
directs et le mildiou, présenté à la Société des viticulteurs de France,[3] dit que le Seibel n° 2006 est
intéressant, mais avec un sulfatage.

L'Alicante × *rupestris n° 20 Terras*, hybride entre
un Alicante Bouschet et un rupestris, n'est pas
dénué d'intérêt ; à Veyrier sa maturité n'a pas été
mauvaise.

Au dire de M. Gervais,[4] il serait sensible à la

[1] Au moment où nous donnons cet ouvrage à l'imprimeur, M. Baltzinger nous communique les observations suivantes : Sur notre champ
d'expériences n° VI de Veyrier, le Seibel n° 127 a beaucoup souffert de
la sécheresse pendant l'été 1911. Le 28/9 1911, son jus est légèrement
rosé.

[2] Le 28/9 1911, M. Baltzinger, dans ses observations sur notre
champ d'expériences n° VI de Veyrier, a noté que son jus est d'une
jolie couleur rose-clair, mais bien moins intense que le jus du gamay-
fréaux. Le Seibel 2006 n'a pas souffert de la sécheresse pendant l'été 1911.

[3] Voir le dit rapport, page 144, dans le compte-rendu 1911 de la
Société des viticulteurs de France, 28, rue Godot-de-Mauroy.

[4] Page 132, *Gervais. ouvrage précité.*

pourriture et produirait, soumis à la taille longue, de nombreux raisins qui, dans le midi du moins, flétriraient une fois mûrs. Son vin est coloré mais plat, sa vinification nécessite une addition d'acide tartrique à la cuve.

Il dose de 10 à 11° d'alcool dans le midi, 7-8° seulement dans l'est et le nord de la France.

Son jus est incolore.

Dans des situations aérées et saines il aurait, toujours suivant M. Gervais, une bonne résistance au mildiou, au black-rot et à l'oïdium [1].

Il supporterait des doses élevées de calcaire, c'est ainsi que chez M. Terras, à Pierrefeu (Var), il est planté dans un sol accusant 70 % de calcaire.

Il aurait fort probablement, comme beaucoup de producteurs directs, une résistance phylloxérique voisine du Jacquez, c'est-à-dire plutôt suffisante dans de très bonnes terres peu phylloxérantes.

A Veyrier, il s'est bien comporté vis-à-vis du mildiou.

3907 Couderc, un bourrisquou × rupestris, nous a donné un rendement énorme en 1905. Il serait intéressant d'essayer sa résistance au phylloxéra, puisque les bourrisquou × rupestris 601 et 603 ont une résistance pratique suffisante et qu'ils sont indiqués pour des terrains secs [2].

M. Roy-Chevrier, dans son rapport sur les pro-

---

[1] M. Roy-Chevrier, dans son rapport sur les producteurs directs et le mildiou, présenté à la Société des viticulteurs de France (voir le dit rapport page 132 du compte-rendu 1911 de la dite Société), 28, rue Godot-de-Mauroy, classe l'Alicante × rupestris Terràs n° 20 parmi les variétés qui, dans les années ordinaires, peuvent conserver leur récolte avec un seul sulfatage.

[2] M. Roy-Chevrier se plaint (voir n° 884 *Revue de viticulture* 1910) de n'avoir récolté en 1910 sur le 3907 que des raisins clairs et verts, inutilisables.

ducteurs directs et le mildiou, présenté à la Société des viticulteurs de France (voir page 133 du compte-rendu 1911 de la dite Société), classe le 3907 parmi les variétés qui, dans les années ordinaires, peuvent conserver leur récolte avec un seul sulfatage.

L'Auxerrois × *rupestris* est un hybride de vinifera et rupestris dont l'origine est inconnue. Il n'est pas sans intérêt et donne, paraît-il, un vin alcoolique très coloré, à saveur française, rappelant les vins de coupage.

D'après M. Ravaz, le rupestris dominerait dans le feuillage, et aussi dans les qualités fructifères. Bien qu'il porte de nombreuses grappes, il passe pour couler souvent[1]. Il en existe des sélections.

A Veyrier, greffé sur 101 × 14, il a accusé un rendement qui sans être fort n'est pas mauvais. Nos observations portent sur moins de 5 ans pour ce numéro. En 1907 il portait la mention « peu de mildiou », alors que d'autres en souffraient.

Il passe pour être peu sensible aux maladies cryptogamiques quelles qu'elles soient.

M. Roy-Chevrier, dans son rapport sur les producteurs directs et le mildiou, présenté à la Société des viticulteurs de France (voir page 132 du compte rendu 1911 de la dite Société), classe l'Auxerrois × rupestris parmi les variétés qui, dans les années ordinaires, se contentent d'un seul sulfatage donné de suite après la floraison.

Sa maturité n'a pas été mauvaise à Veyrier.

Il végéterait bien en sol calcaire et paraîtrait avoir une aire d'adaptation assez étendue.

[1] M. Roy-Chevrier (voir *Revue de viticulture* 1910, n° 884) se plaint de l'Auxerrois × rupestris : « Le feuillage est encore acceptable, dit-il, quant au raisin, c'est une rafle avec trois grains noirs et quinze verts. »

D'après M. Ravaz, il craindrait cependant les terrains à calcaire tendre et frais.

La résistance phylloxérique serait douteuse.

La *duchesse* qui, suivant MM. Caywood et fils, serait un hybride de Concord blanc par Delaware,[1] a été signalée chez nous par M. Jean Dufour.

M. Ravaz dit : « En fait, le feuillage, par son
« ampleur, le coton qui le couvre en dessous, rap-
« pelle le Vitis labrusca, la teinte glauque ou vert-
« pâle de la feuille est un peu celle de V. æstivalis.
« Mais les fruits n'ont aucun goût fixé, ils sont
« presque entièrement vinifera. »

Vu que ses raisins sont blancs, la duchesse est fort intéressante pour nous.

Si elle n'est pas résistante au phylloxéra, d'après Ravaz, elle l'est au moins dans une bonne proportion au mildew, deux traitements suffiraient pour la préserver. A Veyrier, dans l'expérience n° IV, sa production nous a satisfait, elle était conduite à la taille longue, qui est celle qui lui convient ; par contre, greffée sur 101 × 14 et soumise à la taille courte,[2] elle a accusé un rendement faible dans l'expérience n° VI.[3]

En cas de gelée, les rejets du vieux bois donneraient encore quelques grappes.

---

[1] *Ravaz*, op. cit. page 313.
[2] Voir *Ravaz*, op. cit. page 313. Cet auteur insiste aussi sur le fait que la duchesse ne donne des rendements élevés que si elle est soumise à la taille longue.
[3] M. Baltzinger, au moment d'imprimer, nous communique les observations suivantes : La duchesse, greffée sur 101 × 14, a très peu souffert pendant l'été 1911 (année exceptionnellement sèche), à Veyrier, dans notre champ d'expériences n° VI, mais elle a très peu de raisins cette année. Cette même constatation a été faite en été 1911 chez M. Camille Preiss, viticulteur à Mittelweier (Alsace).

La duchesse a de belles grappes « à grains ronds, blanc doré, moyens, peu serrés, pulpeux, agréables, non forcés ; longues..... »[1]

Elle serait bonne pour la table.

Son vin serait bon et riche en alcool.

Nos observations ne portent que sur 3 ans, malgré cela nous estimons qu'il y aurait intérêt de l'essayer plus en grand. *Nous ne serions pas étonné de la voir rendre chez nous des services appréciables.*

Ajoutons qu'elle a fort bien mûri à Veyrier.

[1] *Ravaz*, op. cit. page 313.

II. Hybrides producteurs directs essayés à Nant-sur-Vevey (Vaud)

267 × 27 Couderc noir, nous a été recommandé en 1904 par M. A. Desmoulins comme ayant des chances de réussite en Suisse.[1]

A Nant, dans notre champ d'expériences n° XII, il s'est classé deuxième comme rendement, sa résistance au mildiou s'est montrée parfaite et sa maturité très suffisante.

M. Roy-Chevrier, dans son rapport sur les producteurs directs et le mildiou, présenté à la Société des viticulteurs de France (voir page 133 du compte-rendu 1911 de la dite Société) classe le 267-27 parmi les variétés qui, dans les années ordinaires, se contentent d'un seul sulfatage donné de suite après la floraison.

3905 Couderc noir. Hybride de Bourrisquou × rupestris obtenu en 1884 par M. G. Couderc. Son feuillage est plus vinifera que rupestris.

Plante très vigoureuse. Sarments rugueux, d'un brun violacé.

Feuille trilobée, sinus latéraux supérieurs très marqués, dents arrondies ; ondulée, bullée, brillante, vert foncé, aranéuse pubescente sur nervures en dessous. Jeunes feuilles quelque peu aranéeuses, vert pâle.

Jeunes rameaux herbacés aranéeux. (Estoppey).

---

[1] Voir Réunion de diverses brochures 1904, Pépinière de Veyrier, page 42.

« Grappe à grains ronds, noirs, moyens, peu serrés, *juteux* neutre ; ailée, moyenne. » (Ravaz). [1]

« *Aptitudes :* plante de vigueur moyenne, bien
« fertile, première et deuxième époque ; frère de
« 3907, il est bien plus vigoureux que lui et sup-
« porte plus de calcaire. Avec l'âge aussi fertile. Il
« donne un vin d'assez bonne qualité, titrant 9 à
« 10° d'alcool, 21 à 22 d'extrait sec. Résistance
« phylloxérique de Jacquez. »

Il vaut mieux le greffer.

A Nant, il s'est classé premier comme rendement comme résistance aux maladies ; comme maturité, il obtient la note moyenne de 2.3.

117 × 4 Couderc noir. « Hybride de Senasqua
« × rupestris obtenu par G. Couderc en 1890,
« c'est un demi-sang rupestris, quart de sang
« labrusca et quart de sang vinifera. Le V. rupes-
« tris domine dans son feuillage. »

« Grappe à grains ronds, noirs, moyens, juteux,
« colorés, assez agréables, peu serrés ; ailée, lon-
« gue. » [2]

« *Aptitudes.* — D'après M. Couderc : Noir 1re et
« 2me époque, bien fertile, surtout avec l'âge ; très
« résistant au phylloxéra, au mildiou et au black-
« rot. [3] »

---

[1] *Ravaz*, op. cit., page 277.
[2] *Ravaz*, op. cit., page 307.
[3] M. Roy-Chevrier dans son rapport sur les producteurs directs et le mildiou, présenté à la Société des Viticulteurs de France (voir page 133 du compte-rendu 1911 de la dite Société) classe le 117-4 parmi les variétés qui, dans les années ordinaires se contentent d'un seul sulfatage donné de suite après la floraison.

« C'est en effet une vigne très fertile et en même
« temps très résistante au mildiou. A l'Ecole de
« Montpellier, elle a été une des dernières à perdre
« ses feuilles sous l'action de cette maladie. Elle
« résiste également à l'oïdium et à la pourriture
« grise. Par contre, elle ne résiste nullement au
« phylloxéra ou plutôt n'a guère que la résistance
« de l'Othello. Elle produit un vin épais, grossier,
« très coloré, qui ne pourrait être utilisé que pour
« le coupage. [1] »

272-60 blanc Couderc. Plante à végétation vigoureuse. Sarments à nœuds gros bien développés,
brun noisette à l'aoûtement, mérithalles assez
courts. Feuille moyenne orbiculaire, dents arrondies et larges, pubescente sur nervures en-dessous,
unie, vert franc, avec nervures rosées en-dessus.
Jeunes feuilles aranéeuses. Bourgeonnement duveteux et aranéeux (Estoppey). Nous a été indiqué en
1894, par M. A. Desmoulin, comme pouvant réussir
en Suisse[2]. Cette variété dont il a été probablement
question dans la littérature des producteurs
directs, a attiré notre attention au milieu d'autres
de notre champ d'expériences, au point de vue *de*
sa bonne tenue. Toutefois, en 1908, nous avons
constaté que ses raisins, qui avaient fort belle
apparence, avaient un goût foxé, ce qui ne veut
pas dire qu'il en serait de même de son vin. Aussi,

[1] M. Baltzinger, au moment d'imprimer, nous communique l'observation suivante, notée sur cette variété dans notre champ d'expériences
des producteurs directs de Nant : le jus du 117.4 est légèrement rosé,
son goût est franc, un peu acide.
[2] Réunion de diverses brochures. Pépinière de Veyrier 1904.

nous estimons qu'il faut l'observer encore avant d'en faire de grandes plantations [1].

7301 Couderc noir. Dans notre expérience de Nant, son rendement moyen est faible, cependant, en 1908, il a produit 0 kg. 650 par cep. Comme il a obtenu une note de maturité moyenne de 3,8 il nous paraît intéressant de l'expérimenter encore.

7104 Couderc noir. (lincecumii × rupestris × vinifera). Il s'est classé 5me sur 33 comme rendement obtient la note 3 (passable) comme maturité, et 3,4 comme résistance [2].

Somme toute nous pouvons constater que 267×27 et 7104 seraient très intéressants à essayer plus en grand. Nous serions tentés d'en dire autant de *3905* si ce n'était sa note moyenne de maturité de 2,3 (faible). Toutefois, nous incriminons pour 3905 plutôt l'exposition que le retard naturel à la maturité puisqu'il est classé en France comme 1re et 2me époque.

---

[1] Au moment où nous allons envoyer cet ouvrage à l'imprimerie, paraissent les très intéressantes notes de M. Desmoulins, prof. d'agric. et Villar, propriétaire, sur les producteurs directs essayés à St-Vallier (Drôme), *Progrès agricole de Montpellier*, n° 40 et 41 de 1910 et 3 de 1911. Nous voyons que, en 1909, 272×60 a produit, à St-Vallier, un vin excellent, il y est coté comme ayant une maturité de 1re époque. Il est donc plus que probable que le goût foxé que nous avons trouvé ne passe pas dans le vin.

M. Roy-Chevrier dit : (voir *Revue de Viticulture 1910, n° 884*) « Faiblit franc de pied, paraît bon greffon ; feuilles saines, fruit peu coulard, mais sujet à la pourriture. »

M. Héron, dans son rapport sur les producteurs directs et le mildiou, présenté à la Société des viticulteurs de France (voir page 145 du compte rendu 1911 de la dite Société), le décrit comme suit : raisin roux doré, bien sucré et bon goût, donne un assez bon vin riche en alcool.

[2] Au moment où nous remettons cet ouvrage à l'imprimeur, M. Baltzinger nous communique l'observation qu'il a notée sur cette variété en 1911, pendant les vendanges de notre champ d'expériences des producteurs directs à Nant : goût franc, jus légèrement rosé.

96×32 Couderc noir. Rupestris × Piquepoul de semis 1889. Vu la résistance élevée de ce numéro au mildew, il serait fort intéressant si ce n'était sa note de maturité moyenne qui est faible, *2*. Il serait à essayer dans de meilleures expositions (Tessin, Valais, meilleures situations du canton de Vaud, Genève, Hte-Savoie, etc.)

4306 Couderc noir. Bourrisquou × rupestris. Serait intéressant si ce n'était sa note de maturité moyenne insuffisante, 1,6. Sa résistance au mildew est parfaite, 5, son rendement moyen assez élevé. 0,576 [1]

D'après Ravaz [2] « Grappe à grains ronds, noirs, « moyens, assez serrés, souvent millerandés, très « colorés, à goût franc, moyenne. »

Observations. — « Hybride obtenu par G. Couderc « en 1885. Le V. Rupestris est dominant dans le « feuillage. »

Aptitudes. — « Vigne vigoureuse à sarments « longs, rampants et reprenant très bien de boutu- « res. La résistance phylloxérique est très faible. »

« Ce cépage produit de nombreuses grappes de « dimensions moyennes. Il me paraît aussi fertile « et aussi productif que 4401 ; seulement il est pro- « bablement plus sujet au millerandage ; craint la « pourriture. Le vin dose de 8 à 10° d'alcool, 22 à « 24 d'extrait sec ; il est très coloré et franc de goût

[1] Au moment d'imprimer, M. Baltzinger nous communique l'observation qu'il a notée sur le 4306, en 1911, pendant les vendanges de notre champ d'expériences de producteurs directs à Nant : « la maturité serait passable, mais il y a presque un tiers des grains qui sont restés verts. Le goût des grains mûrs est bon, le jus d'une légère teinte rosée. »

[2] *Ravaz*, op. cit., page 270.

« quand il est produit par des raisins peu mûrs,
« un peu fade quand il provient de raisins très
« mûrs. »

Etant donné qu'il est franc de goût, il serait intéressant de l'essayer dans des expositions plus chaudes que celle de Nant. Pourrait peut-être convenir
au Tessin, Valais, Savoie.

Jardin 503 Couderc noir. D'après Ravaz, son vin a
été à l'Ecole de Montpellier de 7,5° avec 23,8 d'extrait sec, intensité colorante de 16 au vinocolori-
mètre de Dubosc, beau vin neutre ou un peu fade.

Hybride de rupestris de Forworth n° 3 × Petit
Bouschet obtenu en 1882 par Couderc. Tout en conservant les caractères de la mère, le bois et le
feuillage rappelleraient plus le vinifera.

D'après ce que nous avons entendu dire, il serait
à essayer dans de chaudes expositions. Il a bien
mûri ses raisins à Nant où il n'a été observé que
pendant 2 ans, en 1904 et 1905, malgré cela, il
n'obtient pas un mauvais classement, 7 sur 33. La
note de résistance au mildew est bonne. [1]

84×10 Couderc noir rupestris × vinifera. Son
rendement moyen n'a pas été mauvais, 0,421,
comme maturité moyenne a obtenu la note 2, et

---

[1] C'est un numéro intéressant. M. Roy-Chevrier dit : (voir *Revue de
Viticulture no 884, 1910)* « que c'est un des meilleurs parmi les
vieux, mais de maturité trop tardive. » Ce même auteur dans son rapport sur les producteurs directs et le mildiou, présenté à la Société des
viticulteurs de France, 28, rue Godot-de-Mauroy, Paris (voir page 132
du compte rendu de la dite Société), classe le Jardin 503 parmi les
variétés qui ont conservé en 1910 (année très favorable au mildiou) la
majeure partie de leur récolte, sans traitement.

M. Baltzinger, au moment d'imprimer, nous envoie l'observation
qu'il a notée en 1911, au moment de la vendange de notre champ
d'expériences de producteurs directs à Nant : « Le jus du 503 est
d'une jolie couleur rose clair. »

comme résistance aux maladies, la note 3,8. Il pourrait encore être essayé, car M. Ravaz[1] dit que « c'est une vigne assez vigoureuse et paraissant « *assez résistante au phylloxéra*, mûrit à la 2me épo- « que, son vin tire 10^{0} et 22 d'extrait sec. » Pourrait donc être essayé dans le Valais, Tessin et dans les chaudes expositions, C'est un $^{3}/_{4}$ de sang vinifera, malgré cela, sa résistance au mildew n'a pas été mauvaise du tout.

74×17 Couderc blanc pourrait être essayé, car parmi les vieux producteurs directs blancs, on a moins de choix que parmi les rouges.

A Nant son rendement moyen est 0 kg. 370, sa note de maturité moyenne 2,2 et celle de résistance au mildew 3,8 ne sont pas assez mauvaises pour qu'on les rejette, cependant il y aurait lieu de le limiter aux expositions chaudes seulement.[2]

252×14 Couderc blanc rupestris × vinifera, ce dernier domine. D'après Ravaz, page 280, il a des grappes franches de goût, sa résistance au phylloxéra est assez élevée, craint la pourriture[3].

Malheureusement, à Nant, son rendement a été faible 0,215 et sa résistance au mildew mauvaise (note moyenne, 1,51 ; par contre sa note de maturité a été bonne, 3,8 et il s'est classé le 3me sur 33 à ce point de vue. Toutefois, il n'est pas encore à rejeter des essais, à condition de le sulfater une ou

---

[1] *Ravaz*, op. cit., page 271.

[2] Au moment d'imprimer, M. Baltzinger nous dit que dans notre champ d'expériences de producteurs directs à Vevey, une partie des grains du 74-17 étaient encore verts au moment de la vendange 1911.

[3] M. Baltzinger, au moment d'imprimer, nous dit que lors de la vendange 1911 de notre champ d'expériences de producteurs directs de Vevey, la maturité du 252-14 était bonne, mais son goût était foxé.

deux fois, vu qu'il résistera toujours mieux qu'un fendant.[1]

247×125 Couderc blanc. Comme rendement, il ne s'est classé que 21me sur 33 à Nant. Comme maturité il a obtenu la note 3,3 et comme résistance au mildew la note 3,4.

Comme les producteurs directs blancs anciens ne sont pas nombreux, il y aurait lieu de ne pas le rejeter encore des champs d'essais d'autant plus qu'en 1908 il a rapporté par cep 0. kg. 500. Sa production irait-elle en augmentant?

82×12 Couderc blanc rupestris × vinifera. A Nant, il s'est classé 11me sur 33 (4 années d'observation seulement). On peut encore se contenter de son rendement, 0,355, sa résistance au mildiou est assez bonne 3,3, seule sa maturité laisse à désirer pour le canton de Vaud, note 2, mais il serait intéressant à essayer dans des expositions plus chaudes. Du reste, là encore nous incriminerons la mauvaise situation de ce champ d'expériences.

M. Ravaz dit à son sujet, page 275, op. cit. « Grappe à grains ovoïdes, blancs rosés à maturité, « charnus, sucrés, agréables, peu serrés ; ailée, « moyenne rappelant la Clairette. »

Observations. — « Cet hybride est un ³/₄ de sang « vinifera obtenu en 1889, par M. G. Couderc. « Dans les feuilles et les fruits, c'est le vitis vini- « fera qui domine. »

Aptitudes. — « Vigne vigoureuse et très fertile.

---

[1] D'après les observations que M. Balzinger nous communique au moment d'imprimer, lors de la vendange 1911 de nos producteurs directs de Vevey, le goût de la grappe du 247-125 rappellerait un peu celui du muscat.

« Les grappes ressemblent beaucoup à celles de la
« Clairette, elles en ont même le goût. Les pépins
« sont aussi très voisins de ceux du vinifera. »

Voici ce qu'en écrit M. G. Couderc : « Blanc, 1re
« époque, se charge de grandes grappes, à grains
« petits et ovoïdes, 12-13 millimètres, deviennent
« plus gros avec l'âge, excellent goût ; résistance au
« phylloxéra indubitable, résistance au mildew
« bonne en été, mais faible au printemps. »

Il produit un vin blanc de bonne qualité qui a
cependant une saveur un peu amère et est alcoolique (10° et au-delà et 15 d'extrait sec.)

Bonne variété blanche, si la résistance au phylloxéra est toujours suffisante.[1]

87×32 Couderc blanc. Sa note de maturité est
à peu près passable 2,4 et sa production est faible
0,213, malgré cela il serait intéressant de l'expérimenter encore, vu son assez bonne résistance au
mildew, 3,4.[2]

71×61 Couderc noir (ripara-Lincecumii × vinifera) a bien résisté au mildew, note 4,5, il s'est
classé 3me sur 33.

M. Ravaz[3] donne comme synonymie du 71×61
le Contassot n° 2 « grappes à grains ronds, 16 milli-
« mètres, noirs, juteux, à jus coloré, saveur agréa-
« ble, courte, assez compacte. »

---

[1] M. Roy-Chevrier dans son rapport sur les producteurs directs et le
mildiou, présenté à la Société des viticulteurs de France (voir page 133
du compte-rendu de la dite Société), classe le 82-12 parmi les variétés
dont la sensibilité au mildiou est à peu près analogue à celle des
vinifera.

[2] M. Baltzinger, dans ses observations sur la vendange 1911 de notre
champ d'expériences de producteurs directs à Vevey dit : « le jus du
87-32 est légèrement rose, bien moins intense que celui du gamay
fréaux.

[3] *Ravaz*, op. cit., pages 338 et 339.

Aptitudes. — « Très analogue comme fruit et
« résistance au phylloxéra à 71-06 » (Couderc) « A
« Montpellier, est inférieur à 71-06 comme résis-
« tance phylloxérique. »

Au sujet du 71-06 (Couderc). M. Ravaz cite,
page 338, aptitudes : « Noir, 1re époque, gros
« grains et gros raisin, un peu moins fertile
« que le 71-04 ; est un des très rares hybri-
« des de Lincecumii-Rupestris qui résistent suf-
« fisamment au phylloxéra pour pourvoir être
« planté directement au moins dans des terres
« riches et profondes ; très résistant à la pour-
« riture, ne craint pas le mildew et peut être
« facilement défendu contre le black-rot. Le tailler
« long. (Couderc). M. Ravaz ajoute : « En effet, la
« résistance phylloxérique se rapproche de celle du
« Jacquez. » Nous estimons toutefois qu'il vaut
« mieux greffer les cépages qui ont une résistance
« voisine de celle du Jacquez. « Son vin est un peu
« moins alcoolique que celui du 71-20 : 8 à 10°. »

Vu sa bonne résistance au mildew, (4,5), il serait
à désirer de continuer l'essai de ce cépage, mais en
lui donnant une taille longue. Beaucoup de cépages
greffés sur rupestris ou hybrides du rupestris et
beaucoup de producteurs directs non greffés n'ont
presque rien donné à Veyrier lorsqu'ils étaient
taillés courts, alors que soumis à la taille longue ils
donnaient toute satisfaction.

M. Couderc classe le 71-06 (riparia Lincecumii
× vinifera voisin du 71-61) dans ceux de 1re époque.
A Nant, sa note de maturité moyenne n'est que de 2,
soit médiocre. Est-ce dû au voisinage du bois et à
la taille courte ? C'est fort possible.

En outre, il n'a été observé que 2 ans, en 1904 et 1905, lorsque ses ceps étaient jeunes[1].

126 × 21 Couderc noir rupestris × vinifera. A Nant, il s'est classé 1er comme maturité, malheureusement sa résistance au mildew a été mauvaise[2] et sa production excessivement faible, 0.049[3].
Plante vigoureuse, sarments brun-foncé à l'aoûtement. Feuille orbiculaire quinquelobée à sinus latéraux supérieurs très profonds, sinus inférieurs marqués. Sinus pétiolaire profond se refermant, dents en deux séries anguleuses ; pubescente sur les nervures à la face inférieure, bullée, verte prenant une teinte rouge à l'automne, nervures rosées à la base en dessus. Jeunes feuilles vertes, aranéeuses. Jeunes pousses aranéeuses. (Estoppey).

D'après M. Ravaz[4] « grappe à grains ovoïdes, « noirs, moyens, assez serrés, charnus, croquants, « sucrés, un peu fades ; moyenne, ailée. »
« Observations. — Trois-quarts de sang vinifera, « obtenu par M. Couderc, Le feuillage, le fruit, « l'ensemble de la végétation rappellent le Vitis

---

[1] MM. Desmoulins et Victor Villard, dans leur article : « Les Hybrides producteurs directs dans les Côtes du Rhône en 1910. *Progrès agricole*, Nos 3, 4 et 5, année 1911, indiquent le 71-61 comme étant de première époque.
M. Batzinger, au moment des vendanges 1911 de notre champ d'expériences des producteurs directs, à noté l'observation suivante concernant cette année : maturité bonne, mais les grappes mûres montrent encore quelques grains verts, son jus est légèrement rosé.
[2] M. Baltzinger, au moment d'imprimer, nous communique son observation sur le 126-21, faite au moment de la vendange de notre champ d'expériences de Vevey : jus incolore, très doux.
[3] M. Roy-Chevrier, dans son rapport sur les producteurs directs et le mildiou, présenté à la Société des viticulteurs de France (voir page 133 du compte-rendu 1911 de la dite société) classe le 126-21 parmi les variétés qui ne réclament d'ordinaire qu'un seul sulfatage de suite après la floraison.
[4] *Ravaz*, op. cit. 268.

« vinifera. Le fruit à quelques qualités du Précoce
« de Malingre, ainsi que les défauts ; c'est peut-
« être cette dernière variété qui est intervenue
« comme générateur dans l'une ou l'autre des deux
« hybridations. »

Aptitudes. — 126×21, d'après M. Couderc : «est
« un semis de 1890, noir excessivement précoce,
« résistant suffisamment au mildew et très résistant
« au black rot et au phylloxéra. Défaut : fend faci-
« lement, doit être soufré au premier printemps,
« peut servir aussi de porte-greffe. »

« C'est le producteur direct le plus hâtif que je
« connaisse ; il mûrit en même temps que les Ga-
« mays précoces. Mais dès qu'ils sont mûrs, les
« grains se fendent ou tombent. Ils sont charnus,
« croquants sucrés, agréables quoique fades ; même
« bien mûrs, ils donnent un vin peu alcoolique et
« pauvre en extrait sec : 14 à 15 gr. par litre. »

« 121-160 est assez résistant aux maladies
« cryptogamiques, et il semble peu atteint jus-
« qu'ici par le phylloxéra. Je l'ai étudié en plu-
« sieurs endroits et jusqu'à présent je n'ai pu
« trouver le phylloxéra sur ses racines. Il constitue
« un hybride très intéressant, surtout pour les
« régions froides. »

Ajoutons que si, à Nant, il eut été soufré, il s'y
serait peut-être mieux comporté. Ses rendements
faibles proviennent sans doute de ce que ses grains
tombaient après maturité, ou étaient mangés par
les guêpes.

En tous cas, ce qu'en dit Monsieur Ravaz, nous
montre qu'il y aurait lieu de l'expérimenter à nouveau.

Peut-être pourrait-il jouer un rôle comme raisin de table précoce.[1]

82×32 Couderc blanc rupestris × vinifera résiste trop peu au mildew pour nous intéresser.

302×60 Couderc noir rupestris × vinifera. Il n'a pas mal résisté au mildew, mais sa production a été trop faible jusqu'à présent du moins.

D'après M. Ravaz, ses grains auraient bon goût. A Montpellier, il n'a pas pas bien résisté aux attaques de l'oïdium.

198×21 Couderc noir rupestris × vinifera. A Nant, il s'est classé 2me comme maturité. (note 4.)

« Grappes à grains ronds, noirs, moyens ou gros, « juteux, serrés, à goût franc, forte, conique. »

« *Observations.* — 3/4 de sang vinifera obtenu en « 1891 par M. G. Couderc. Le V. vinifera domine « dans les organes aériens ».

« *Aptitudes.* — Vigne peu vigoureuse mais fertile. « Les grappes sont grosses, compactes et portent « de beaux grains. Noir très précoce, grains « 18 mm., le raisin est tout à fait celui du « Durif, mais plus volumineux et à grains plus « gros ; avec l'âge, la production devient superbe ; « pourrit difficilement et se conserve longtemps « sur la souche ; très résistant au phylloxéra, se « laisse défendre facilement du mildew, un des « meilleurs 3/4 de sang. » (Couderc) : « Indemne « du phylloxéra ; est peu résistant à la pourriture « grise. »

« Vin de 8-10° et 20 gr. d'extrait sec. [2]

[1] M. Roy-Chevrier (voir article précité) n'en a pas été satisfait.
[2] *Ravaz*, op. cit., page 276.

Mérite d'être expérimenté plus longuement. Les chiffres faibles de production consignés dans le tableau de l'expérience de Nant ne veulent pas dire grand chose, car les observations ne portent que sur 2 ans en 1904 et 1905 lorsque ce cépage était jeune. Si les années suivantes, il n'y a pas d'observations notées, c'est que les raisins mûrissant de de bonne heure ont peut-être été mangés.[1]

109-4 Couderc noir. D'après M. Ravaz[2] « la grappe « est à grains ronds, noirs, ou moyens, peu ser-« rés, juteux, à goût neutre, allongée. »

« *Observations.* — Hybride de Bourrisqnou ✕ ru-« pestris obtenu en 1889, par M. G. Couderc, qui « l'apprécie de la manière suivante : noir, 1re et 2me « époque, très résistant au phylloxéra et aux mala-« dies, rappelle 603, mais bien plus fertile. Je crains « bien que sa résistance phylloxérique soit très « faible. »

En ce qui concerne sa résistance au mildew, elle a été bonne à Nant, obtenant la note 4, c'est-à-dire bien, et le sixième rang de résistance aux maladies, sur 33 cépages expérimentés.[3]

---

[1] M. Baltzinger, au moment d'imprimer, nous envoie l'observation qu'il a notée sur le 198-81 au moment des vendanges 1911 de notre champ d'expériences des producteurs directs de Nant : point de raisins peu de végétation, résistance au mildiou très mauvaise.

[2] *Ravaz*, op. cit. page 277.

[3] M. Roy-Chevrier, dans son rapport sur les Producteurs directs et le mildiou, présenté à la Société des Viticulteurs de France (voir page 133 du compte-rendu de la dite Société) classe le 109-4 parmi les variétés dont la sensibilité du mildiou est à peu près analogue à celle des vinifera, nous voyons qu'à Nant il n'en a pas été de même jusqu'à présent.

M. Baltzinger a noté en date du 30 septembre 1911 dans notre champ d'expériences des producteurs directs de Vevey, que le jus du 109-4 n'est que très peu coloré, sa maturité est bonne, il est franc de goût, mais ses raisins, quoique mûrs, montrent encore des grains verts.

S'il a un faible poids dans le tableau, nous n'en concluerons rien, car il n'a été observé que 2 ans. Sa note de maturité n'est que de 2, mais puisque d'une part l'exposition de ce champ d'expériences est mauvaise et que d'autre part M. Couderc le dit de 1re et 2me époque, cela vaut la peine — vu sa bonne note de résistance — de l'expérimenter encore.

28-112 Couderc noir (rupestris $\times$ vinifera) synonyme Bayard I.

D'après Ravaz[1] : « Grappe à gros grains ronds, « noirs moyens, très colorés, peu serrés, pulpeux, « à goût franc ; moyenne.

« *Observations.* — Hybride d'Emily[2] $\times$ rupestris « obtenu par M. Couderc en 1882. Le rupestris « domine dans le feuillage. »

« *Aptitudes.* — Vigne de vigueur moyenne, à « sarments un peu rampants, reprenant bien de « boutures. » M. Couderc décrit cette variété de la manière suivante : « Noir, 1re époque, très fertile, « grains de 15 à 16 millimètres, très égaux et très « également mûrs, fort bon goût pour un 1/2 sang « de rupestris, ne craint ni le mildew, ni l'oïdium, « très résistant à la sécheresse, bien suffisamment « au phylloxéra et indemne de black-rot. Craint « beaucoup le soufre qui le fait défeuiller. C'est « certainement un des demi-sang les plus fertiles « et les meilleurs. Bien résistant à la pourriture. « Coule malheureusement et même beaucoup. Le « vin franc de goût, à degré alcoolique peu élevé, « 7-10° et contenant de 20 à 24 gr. d'extrait sec ;

[1] *Ravaz*, op. cit., page 281.
[2] L'Emily est un vinifera obtenu de semis en Amérique.

« bien coloré. La résistance phylloxérique paraît
« égale à celle du Jacquez. Peu ou pas atteint par
« le mildew. »

Observé à Nant pendant 4 ans, il s'y est montré
de faible production, à maturité tardive ; sa résistance au mildew a été passable.[1]

89-23 Couderc blanc rupestris ✕ vinifera.

D'après Ravaz[2] : « grappe à grains ronds, blancs,
« moyens, croquants, peu serrés, à saveur neutre
« agréable. »

« *Observations.* — C'est un 3/4 de sang obtenu
« en 1889 par M. Couderc. Rappelle le V. vinifera
« par le feuillage et le fruit. »

« *Aptitudes.* — D'après M. Couderc, cette vigne à
« fruit blanc, mûrit à la 2me époque, grains de 16
« millimètres genre Chasselas ; bien résistant au
« phylloxéra et suffisamment au mildew, résistance
« au black-rot inconnue. C'est une vigne plutôt fai-
« ble. Elle donne de jolis raisins. M'a paru attaquée
« par le phylloxéra et aussi par le mildew.

---

[1] M. Roy-Chevrier dit de lui (article précité) « Très sain, récolte normale. Aoûtement très défectueux des sarments.
Ce même auteur, dans son rapport sur les Producteurs directs et le
mildiou présenté à la Société des Viticulteurs de France (voir page 132
du compte rendu 1911 de la dite Société) classe le 28-112 parmi les
variétés qui ont conservé en 1910 la plus grande partie de leur récolte
sans traitement. M. Héron, dans son rapport présenté à la Société des
Viticulteurs de France sur les Producteurs directs et le mildiou (Voir
page 143 du compte rendu 1911 de la dite Société) dit que le 28-112,
dit le Bayard, mûrit assez tôt et qu'il a une bonne résistance aux maladies cryptogamiques.
[2] Au moment d'imprimer, M. Baltzinger nous communique les observations qu'il a notées sur le 28-112 le 3 octobre 1911, dans notre champ
d'expériences des Producteurs directs à Vevey : maturité passable (il
est à noter que l'année 1911 a été très sèche et très chaude), le jus est
d'un joli rose ; bien moins coloré que celui du gamay Fréaux.»

A Nant sa résistance au mildew a été passable,[1]
sa maturité médiocre, mais dans de bonnes expositions il pourrait mûrir; sa production moyenne a
été faible, même trop faible.

199×88 Couderc blanc rupestris × vinifera. M.
Ravaz dit de lui[2] : « Grappe à grains ronds, blancs,
« gros, assez serrés, croquants, agréables ; grande
« ailée. »

Observations. — 3/4 de sang vinifera obtenu en
« 1891 par M. Couderc. »

« *Aptitudes*. — Blanc 2me époque, grains ronds,
« 20-22 mm., bons pour la table et la cuve,
« superbe producteur avec l'âge, résiste suffisam-
« ment au phylloxéra et se laisse facilement défen-
« dre du mildew, est très résistant au black-rot ;
« craint le calcaire. » Couderc : « Ne paraît pas
« plus résistant au phylloxéra que l'Othello. Il
« craint la pourriture. La souche est plutôt faible,
« mais elle est très fertile et donne de très beaux
« raisins. C'est le plus bel hybride franco-américain
« à fruits blancs. »

N'a été observé à Nant que pendant deux ans, par
conséquent trop peu de temps pour qu'il soit permis de se prononcer. Etant donné les qualités que
M. Ravaz lui reconnaît, il y aurait lieu de l'essayer
encore, mais seulement dans les très bonnes expositions, vu sa tardivité.[3]

---

[1] M. Roy-Chevrier, dans son rapport sur le mildiou et les Producteurs directs présenté à la Société des Viticulteurs de France (voir page
133 du compte rendu 1911 de la dite Société) classe le 89-23 parmi les
variétés qui se contentent dans les années ordinaires d'un seul sulfatage, donné de suite après la floraison.
[2] *Ravaz*, op. cit., page 265.
[3] M. Roy-Chevrier, dans son rapport sur les Producteurs directs et
le mildiou, présenté à la Société des Viticulteurs de France (voir page

117-3 Couderc blanc labrusca-rupestris ╳ vinifera

Rameaux forts un peu aplatis, glabres, brun violacé. Feuille cunéiforme, quinquelobée, à sinus latéraux supérieurs très profonds et ouverts, inférieurs bien marqués, dents arrondies, sinus pétiolaire en lyre nervures très prononcées, avec touffes de poils aux angles en-dessous. (Estoppey).

D'après M. Couderc : « Blanc doré, 1ʳᵉ époque,
« grain 15 à 16 millimètres, dur, pulpeux, ne pour-
« rissant pas, très sucrés, à goût particulier mais non
« désagréable, très résistant aux maladies cryptoga-
« miques, mais pas résistant au phylloxéra[1]; est d'ail-
« leurs peu fertile franc de pied, bien fertile greffé.
« Tout cela est très juste et le goût particulier
« est un goût de foxé qui n'apparaît que lorsque le
« raisin est très mûr. Donne un vin très alcoolique[2] »

Observé à Nant durant cinq ans, franc de pied, il figure au tableau comme ayant donné un rendement nul. Sa résistance moyenne au mildew est exprimée par la note 0,5 et il a obtenu à ce point de vue le même rang que les 3 derniers numéros soit le 15ᵐᵉ. Ce résultat nous a étonné vu qu'il a été très prôné, à un moment donné dans la littérature concernant les hybrides, surtout à cause de la qualité de son vin.

Il est vrai qu'à Nant il est franc de pied alors que

133 du compte rendu 1911 de cette société) classe le 199-88 parmi les hybrides dont la sensibilité au mildiou est à peu près analogue à celle des vinifera.

[1] D'après M. Roy-Chevrier (voir article précité), il résisterait au phylloxéra. Ce même auteur, dans son rapport sur les Producteurs directs et le mildiou présenté à la Société des Viticulteurs de France (voir page 132 du compte rendu 1911 de cette Société) classe le 117-3 parmi les variétés qui ont conservé en 1910 (année très favorable au mildiou) la majeure partie de leur récolte sans traitement.

[2] *Ravaz*, op. cit., page 307.

M. Couderc dit qu'il ne devient bien fertile qu'une fois greffé. Les trois pieds de 117-3 expérimentés à Nant sont en outre plantés au bas de la vigne et plusieurs fois la base des ceps a été recouverte par de la boue provenant du ravinement, de telle sorte que l'aération du sol a dû être insuffisante. Il a fallu procéder à des remplacements. Nous ne pouvons donc rien conclure à leur sujet. Cependant, puisque la production devient meilleure lorsque ce cépage est greffé, nous estimons qu'il y a lieu de l'essayer encore chez nous, mais pour le moment seulement dans les champs d'expériences.[1]

Producteurs directs cités dans la littérature et pouvant mûrir dans nos contrées.

Pour ceux qui voudraient faire des essais, surtout avec de nouvelles créations, nous indiquerons une liste de cépages prélevés dans les articles parus, les catalogues d'hybrideurs, comme pouvant, si on en croit les observations faites à leur sujet, convenir le mieux à nos régions. Nous nous empressons de dire que nous ne connaissons pas les cépages de cette liste, ne les ayant pas encore expérimentés, nous ne pouvons donc en parler en connaissance de cause.

Parmi les blancs citons :

Le Couderc 251-150 mûrit en même temps que le chasselas gros producteur, raisin de table, sain, sensible à l'antrachnose.

157 Gaillard. — Souche de vigueur moyenne. Sarments brun foncé à coloration encore plus foncée sur les nœuds.

Feuille trilobée à sinus latéraux marqués. Sinus

---

[1] Au moment d'envoyer cet ouvrage à l'imprimerie, nous pouvons dire que cette année (1910) 117-3 franc de pied a produit des fruits dans notre champ d'expériences, il en a été de même pour de jeunes pieds greffés 117-3 à Nant, ceci malgré le mildew intense de cette année-là.

pétiolaire ouvert en V. dents anguleuses étroites, pubescente sur nervures en-dessous, vert foncé, bullée, avec nervures enirnèses à la base en-dessus. Jeunes feuilles vert pâle. Bourgeonnement glabre. (Estoppey)

Le Gaillard 157 dont on a beaucoup parlé serait fort remarquable et parfait s'il n'était pas *sensible* au mildew, quoiqu'il soit bon producteur et ce fait nous suffit pour être encore prudent à son sujet sans le rejeter. [1]

Le Couderc 343-14 produit beaucoup, sensible à l'oïdium. Nous a été recommandé également par M. Buisson, viticulteur à LaBastide d'Anjou (Aude). [2]

Le Couderc 241-125 goût de muscat, a besoin d'être sulfaté parfois ; 1re époque de maturité.

Castel 6518, 1re époque de maturité, résisterait pratiquement au mildew.

M. Pée Labby, dans le récit d'une tournée qu'il a faite en 1909, attire l'attention sur *Seibel 4151*, un peu de mildew, 1re époque,

Seibel 4590, 1re époque tardive sensible au mildew mais moins que les vinifera.

Seibel 2666, feuillage des plus résistants, producteur énorme, raisins légèrement foxés.

Seibel 3010, 1re époque doit être un peu sulfaté.

Seibel 4466 1re époque gros producteur.

Seibel 4615 et Seibel 4616, très beaux, maturité de 1re époque précoce.

Le 113 (rupestris × Othello) × herbemont d'Au-

---

[1] M. Roy-Chevrier dit (voir *Revue de Viticulture* no 885, 1910) Baptisé par son propriétaire M. Girard, *le roi des blancs*. Mauvaise recommandation en temps de république pour un cépage qui n'est pas sans valeur. Variété très fertile, produisant en abondance d'excellents raisins de table, sucrés et droit de goût, mais très sensible au mildew de la feuille et du grain. Mérite bien les soins qu'il réclame.

[2] A été atteint du mildew chez M. Roy-Chevrier en 1910.

relles aurait donné des résultats en Saône et Loire.

Le 4327 Noah $\times$ *Aramon* en aurait donné dans le Jura.

Dans le catalogue Castel nous trouvons le *4228* résistance au phylloxéra 5, rusticité 5, maturité, 3 (échelle allant de 0 à 5 maximum).

Le 19403 rupestris-vinifera $\times$ *Alicante*, résistance phylloxérique 5, rusticité 5, maturité 3 (notes du catalogue Castel).

Les Castels ne sont en général pas très précoces, c'est dommage, car il y a de bons cépages dans cette collection.

Le Couderc blanc 175-38 hybride de riparia très précoce, d'après Couderc indemne de toutes maladies y compris le black-rot, très résistant au phylloxéra, raisin à goût particulier désagréable du riparia, mais le vin est très bon, alcoolique, avec un parfum de violette agréable.

Dans les terrains argileux contenant environ 25 % de calcaire devrait être greffé sur 3309 ou 3306.

M. Couderc a bien voulu nous signaler le *175-38 blanc*, extrêmement précoce, mûrit huit jours au moins avant le chasselas, il pense que ce cépage pourrait convenir à nos régions. Il ne craint aucune maladie, black-rot y compris [1].

89-82 Couderc blanc, muscat extrêmement précoce.

Les Bertille Seyve 139, 146, 208 (Seybel 14 $\times$ Couderc 4401) très fertiles 1re époque.

Le Bertille Seyve 236 (Noah $\times$ Seibel 14) très

---

[1] D'après Desmoulins et Victor Villard (voir Progrès agricole du 9 octobre 1910), le Couderc 175-38 a un goût foxé.

résistant aux maladies cryptogamiques, très productif, 1re époque.

Le 258-6 de Malègue serait une sorte de chasselas.

Au moment d'envoyer ces lignes à l'imprimerie, paraissent les intéressants articles de MM. Desmoulins et Victor Villard [1] sur les hybrides Producteurs directs dans les Côtes du Rhône en 1910 (11me année d'observation). En lisant ce travail, nous voyons que nous pouvons encore citer, au même titre que les numéros ci-dessus, les numéros suivants, en y ajoutant quelques-unes des remarques faites par les auteurs eux-mêmes.

Le Castel n° 120, blanc, obtient à Brandoul, près St-Vallier (Drôme), en 1910, la note de maturité 2-3 [2] (assez bonne à passable). Sa résistance au mildiou de la feuille et de la grappe était bonne en 1910, mais comme fructification il n'obtient que la note 2 (passable).

Comme observation spéciale au sujet de ce numéro MM Desmoulins et Villard ajoutent: « Beau « raisin, sain, grains fermes, dorés ».

---

[1] Voir Progrès agricole dirigé par L. Dégrully, numéros des 15, 22, 29 janvier et 5 février 1911, pages 84, 85, 86, 112, 113, 114, 116, 117, 118, 132, 133, 134, 135, 136, 137, 180, 181, 182 et 183. Dans ces articles, MM. Desmoulins et Villard rendent comptent des résultats d'un champ d'expériences de producteurs directs situé à Brandoul près St-Vallier (Drôme), Côtes du Rhône, dont ils ont suivi à divers points de vue les numéros plantés.

[2] MM. Desmoulins et Villard ont apprécié au moyen de notes variant 0 à 5, les facteurs suivants : résistance au mildiou pour la feuille et pour la grappe, vigueur, aoûtement, fructification.

La note 0 correspond à nul
La » 1 » à très faible.
La » 2 » à passable.
La » 3 » à assez bon.
La » 4 » à bon.
La » 5 » à très bon.

14

Castel n° 128, blanc, n'obtient que la note 1 pour la maturité, (très faible), par contre il est d'une bonne résistance contre le mildiou de la feuille et de la grappe. Il a donné lieu aux observations suivantes : « Belle grappe, goût musqué, un Noah amélioré en somme. »

La fructification, très bonne, lui a valu la note 5 (maximum). Les grappes, d'un poids moyen de 295 grammes étaient à grains gros. Cette variété serait très intéressante si elle n'avait pas le désavantage d'une maturité trop tardive.

Le Bertille Seyve 450, blanc, a obtenu la note 1 à 2 (très faible à passable) au point de vue de la maturité. Par contre, cette variété est très résistante au mildiou des feuilles et des grappes. Comme fructification elle a obtenu en 1910 la note 3 (assez bonne) et comme observation spéciale, très beau raisin, demande taille longue.

Le Malègue N° 292-1, blanc, obtient en 1910, la note de maturité 2 (passable) et la note 2 à 3 (passable à assez bonne) pour la résistance au mildiou de la feuille et de la grappe. La note de fructification est 3 (assez bonne.)

Observation spéciale « jolis raisins à bon goût. »

Parmi les *hybrides roses* : M. Peé-Labby cite le *2627 Seibel rose*, qu'il a eu l'occasion de voir chez M. Seibel à Aubenas. Les Bertille-Seyve 407, 419 roses qui sont des Seibel 2003 $\times$ 132-11, maturité 1re, 2me époque.

Parmi les *hybrides rouges* : *L'hybride Prady*, très précoce, pourrait convenir aux pays froids ; d'après

M. Peé-Labby, ce cépage serait le même que le 126-21 Couderc[1].

Le Bertille-Seyve 413 ressemblerait à 132×11 Couderc un bon hybride que l'on pourrait peut-être planter franc de pied; serait plus précoce.

Dans le champ d'expériences de M. Seibel, à Rome (Drôme), M. Peé Labby relève les numéros suivants plantés francs de pied dans un terrain maigre et caillouteux.

Seibel n[os] *1, 29, 209, 182, 1000², 2021*, ce dernier très résistant aux maladies, mais un peu tardif. A Aubenas, chez le même hybrideur, M. Peé-Labby remarque les *Seibel* n[os] *4499, 209*[3] 1re époque tardive, *3019*, 1re époque, *4594 et 94*, 1re époque tardive, *2524* qui ressemble au gamay, *877* 1re époque et *2814* 1re époque tardive.

Le n° 60 de Seibel donnerait un vin très fin. Dans le catalogue de Castel *18.339* (Gamay Couderc 3103 × Aramon) a les notes suivantes : résistance phylloxérique 4, rusticité 5, maturité 3.

Castel 6606 rupestris × vinifera, résistance phylloxérique 5, rusticité 5, maturité 3.

Castel 6030 rupestris × Alicante obtient les mêmes notes que le précédent.

Le 132 × 11 Couderc pourrait probablement se cultiver franc de pied, mûrirait sensiblement en même temps que la Mondeuse. Serait très résistant au mildew, un peu plus sensible à l'oïdium.

« Le vin est très coloré, il tire de 8 à 10° d'alcool, « 20-22 d'extrait sec. C'est un beau vin[4] »

---

[1] Voir ce que nous disons plus haut du 126-21. M. Roy-Chevrier n'a pas été satisfait du 126-21, à Nant il nous a paru intéressant à suivre.

[2] Très intéressant au dire de M. Roy-Chevrier (voir article précité).

[3] S'est mildiousé comme un vinifera chez M. Roy-Chevrier en 1910 (voir article précité).

[4] *Ravaz*, op. cit., page 261.

Si ce n'était sa maturité qui est de 2me à 3me époque, il serait très intéressant pour nos régions[1].

Il mériterait d'être essayé tout de même dans des expositions à mondeuses.

Les Bertille Seyve 403 et 413 (Seibel 2003 × Couderc 132 × 11) très productifs, tous deux de maturité de 1re époque.

Dans la collection de M. Oberlin, viticulteur à Beblenheim près Colmar (Alsace), il y a des hybrides rouges fort intéressants parmi lesquels nous citons, d'après les renseignements que M. E. Külhmann, à Colmar, a eu l'obligeance de nous donner.

Le riparia-gamay n° 595 (Oberlin). Feuilles et aspect général du riparia. Végétation vigoureuse. Planté depuis 12 ans chez M. Roy-Chevrier, en Bourgogne, il a résisté jusqu'ici au phylloxéra et au mildiou.

Parfois feuilles et tiges un peu sensibles à l'oïdium tandis que les raisins qui mûrissent en août restent complètement sains. Grappe un peu lâche, longue, à grains ronds, sous-moyens, de 14 mm. de diamètre, de couleur noire. Maturité hâtive, en août et commencement de septembre. Jus blanc, mais pellicule très colorée. Moût avec goût un peu trop prononcé de figue verte, dosant d'ordinaire de 108 à 121 degrés Oechslé. Excellent vin de coupage de couleur intense. Rendement moyen de 100 à 112 hl. à l'ha, conduit sur cordons de 5 m. avec doubles coursons.

Riparia × gamay, Oberlin 604. Feuille de riparia, mais d'un vert plus clair. Végétation et résis-

---

[1] Il s'est montré très sain et vigoureux chez M. Roy-Chevrier (voir article précité) qui le note comme étant de 4me époque.

tance phylloxérique égales à celles du n° 595. En
1907, quelque temps après avoir été fortement
endommagé par la grêle, les feuilles ont montré des
traces de mildiou, tandis que les n°s 595 et 605 sont
restés complètement indemnes. Grains noirs, presque moyens, 15 mm. de diamètre, juteux. Rendement en cordons doubles 80 à 10 hl. à l'ha. Moût
d'ordinaire de 95 à 118° au glucomètre d'Oechslé,
d'un goût assez franc. Vin pouvant servir de coupage et, par les années médiocres ou pluvieuses,
aussi pour la consommation directe.

Riparia × *gamay, Oberlin 605*. Type de riparia
avec feuilles d'un vert foncé. Végétation très vigoureuse, souche forte et rustique. Résistance extraordinaire au phylloxéra et au mildiou. Supporte très
bien les plus fortes doses de calcaire. Raisins ailés
de forme conique, assez grands, avec grains un peu
serrés. Chair ferme, goût acidulé, un peu acerbe et
figué. Moût dose de 95 à 118°. Rendement bon de
60-90 hl. à l'ha ; il est toutefois à supposer qu'avec
l'âge cette souche gagne davantage en fertilité que
les n°s 695 et 604. Vin de coupage. Maturité fin
août-septembre. Tous les 3 numéros précédents
peuvent être soufrés avec avantage pour garantir
feuilles et bois de l'oïdium ; les raisins ne sont
jamais attaqués par ce cryptogame.

Au moment d'envoyer ces lignes à l'imprimerie
paraissent les intéressants articles de MM. Desmoulins et Victor Villard[1] sur les hybrides producteurs

---

[1] Voir Progrès agricole dirigé par L. Degrully, numéros des 15, 22,
29 janvier et 5 février 1911, pages 84-85-86-112-113-114-115-116-117-
118-132-133-134-135-136-137-180-181-182 et 183. Dans ces articles,
MM. Desmoulins et Villard rendent compte des résultats d'un champ
d'expériences de producteurs directs situé à Brandoul, près St-Vallier
(Drôme), dont ils ont suivi à divevs points de vue les numéros plantés.

directs dans les côtes du Rhône en 1910 (11ᵐᵉ année d'observation). D'après ces articles, nous pouvons encore citer, au même titre que les numéros ci-dessus, les numéros qui suivent en y ajoutant quelques-unes des remarques faites par les auteurs précités.

Seibel nᵒ 2660 s'est montré assez résistant au mildiou de la grappe et de la feuille en 1910. Comme fructification il a obtenu la note 5 (très bonne) mais comme maturité il n'a obtenu que la note 2 (passable)[1].

Le Couderc 7120, noir, a obtenu en 1910, au point de vue de maturité la note 2 à 3 (assez bonne à passable). Comme résistance au mildiou de la grappe et de la feuille, il a obtenu la note 5 (bonne).

Au point de vue de la fructification il a également la note 5 (très bonne). L'observation spéciale est la suivante : « Grosse grappe très saine, serrée, gros grains durs. ».

Le Couderc 7120 n'a pas été attaqué en 1910 par la cochylis, tandis que les Couderc 106-51 et Castel 1028 plantés à côté étaient fortement envahis.

Couderc 226-58. Note de maturité pour 1910 passable à assez bonne, résistance au mildiou de la feuille et de la grappe, assez bonne à très bonne.

Comme fructification il obtient la note 5 (très bonne) et comme observation spéciale : « très beau « raisin, gros grains, bon goût. »

D'après M. Couderc, il est faible de végétation et doit être greffé.

Le Couderc 226-58 a la fertilité et la beauté des grappes de l'Aramon, avec deux sulfatages on

---

[1] Cette même note a été donnée par ces Messieurs au Seibel nᵒ 1 qui cependant a toujours bien mûri dans notre champ d'expériences de producteurs directs de Veyrier, Canton de Genève (Suisse).

peut le protéger contre le mildiou, le moût est rose clair.

L'oiseau bleu, raisin noir. Note de maturité pour 1910, passable à assez bonne. Résistance au mildiou de la feuille et de la grappe très bonne ; il en est de même pour la fructification. L'observation spéciale est la suivante : « Raisins moyens, bons, très sains. »

Le Bertille Seyve 618, noir, obtient en 1910 la note de maturité 1 à 2 (très faible à passable). Comme note de résistance au mildiou des feuilles et grappes la note 3 à 5 (assez bonne à très bonne), et comme note de fructification, 4 (bonne) avec la note spéciale suivante : « Un Othello amélioré sans fox. »

Le Seibel 1000, raisin rouge. Note de maturité 1 (très faible), trés résistant au mildiou des feuilles et grappes. Comme fertilité cette variété n'a que la note 2, mais ceci est probablement dû à la taille trop courte. MM. Desmoulins et Villard recommandent la taille longue pour cette variété.

En 1911, ces Messieurs lui ont donné l'observation suivante : « grappe claire, gros grains excellents, jus blanc, taille longue. Pourrait donner une variété d'avenir qui donne un bon vin fin[1]. »

Ne voulant pas allonger outre mesure et sortir des limites de cet ouvrage, nous renvoyons ceux que la question intéresse de plus près :

1° Au livre de M. Ravaz, fréquemment cité : « Vignes américaines, Porte-greffes et Producteurs directs », Montpellier, chez M, Coulet, éditeurs et, Paris, Masson & Cie, éditeurs, 1902.

[1] Je crains un peu la maturité trop tardive pour notre pays.

2° Aux nombreux articles parus depuis 1900 jusqu'à ces jours sous la signature de nombreux amateurs : dans la *Revue de Viticulture*, Paris, Bd. St-Michel, 35. Rédacteur M. P. Viala, inspecteur général de la viticulture ; dans le *Progrès agricole et viticole* dirigé par M. L. Degrully, rue Albisson, Montpellier ; dans la *Revue des Hybrides* qui, jusqu'à fin 1909, était dirigée par M. P. Gouy, à Val-les-Bains, Ardèche, paraissant maintenant sous le nom de *Revue du Vignoble* sous la direction de M. Perbos, viticulteur à St-Etienne de Fougères par Monclar (Lot et Garonne).

3° Aux catalogues des hybrideurs tels que MM. Couderc, Seibel, Castel [1], de Malègue [2], de Jurie [3], Gaillard et Girard à Brignais (Rhône).

4° Aux travaux de M. Ganzin (Var), de M. Terras à Pierrefeu (Var).

5° Aux catalogues de M. Bertille Seyve (Isère), de M. Buisson à la Bastide d'Anjou (Aude), de Messieurs Moreau et Fils, à Salon (Bouches du Rhône).

Citons encore les résultats du champ d'expériences de MM. Desmoulins, professeur d'agriculture et Villard, propriétaire-viticulteur dans la Drôme, publiés chaque année dans le *Progrès agricole et viticole*.

A consulter la brochure de M. Louis Caille, professeur d'agriculture : « Etudes sur le débourrement et la production des principaux cépages. Premières impressions sur les producteurs directs. » Vienne, Ogeret et Martin, imprimeurs-éditeurs, à Vienne (Isère).

[1] C'est M. Roque d'Orbcastel, à Carcassonne, qui continue l'observation des hybrides du regretté Castel.

[2] A Pezilla la Rivière, près Perpignan (Pyrénées-Orientales).

[3] Pour les hybrides de feu M. Jurie, c'est M. Thérond, à Boucoiran (Gard) qui est chargé de leur vente.

TABLE MÉTHODIQUE DES MATIÈRES

	Pages.
Préface (Explications préliminaires)	III
Additions et Errata	IX
Remarques complémentaires	IX
Additions	XVI
Errata	XXII
Bibliographie. Auteurs et viticulteurs consultés ou cités	XXV

PREMIÈRE PARTIE : PORTE-GREFFES

OBSERVATIONS	1
I. AMÉRICAINS PURS	
1. Les riparia	7
Le riparia gloire	7
Le riparia grand glabre	16
2. Les rupestris	17
Le rupestris Ganzin	25
Le rupestris Martin	27
Le rupestris du Lot	32
Le rupestris Taylor	34
3. Les Berlandieri	35
4. Vitis candicans	41
5. Vitis cordifolia	42
6. Vitis labrusca	44
7. Vitis monticola	45
8. Vitis æstivalis	47
9. Vitis Arizonica	48
II. HYBRIDES	49
a) AMÉRICO-AMÉRICAINS	49
1. Les riparia × rupestris	50
Le riparia × rupestris 101-14	50
Le riparia × rupestris 101-16	54
Les riparia × rupestris 101	55
Le riparia × rupestris 11 F	56
Le riparia × rupestris 3309	58
Le riparia × rupestris 3306	60
2. Les rupestris × riparia	63
Le rupestris × riparia 75^1	64
Le rupestris × riparia 108^{108}	65

Pages.

3. Les Berlandieri ✕ riparia 66

Le *Berlandieri* ✕ *riparia 157*[11] 71
Le *Berlandieri* ✕ *riparia 420C* 75
Le *Berlandieri* ✕ *riparia 420 A*.... 77, Addit. XV
Le *Berlandieri* ✕ *riparia 420 B* ... 81, Addit. XV
Le *Berlandieri* ✕ *riparia 34 EM* (Foex) 83

4. Les rupestris ✕ Berlandieri .... 85, Addit. XII

Le *rupestris* ✕ *Berlandieri 301 A* 88
Le *rapestris* ✕ *Berlandieri 301 B* 88
Le *rupestris* ✕ *Berlandieri 219 A* 89

5. Les riparia-Monticolá 90

Le *riparia du Colorado* 90

6. Æstivalis ✕ riparia 92

L'*œstivalis* ✕ *riparia 199-16* 29

7. Riparia-cordifolia 93

Le *cordifolia* ✕ *riparia 125-1* 93

8. Rupestris ✕ cordifolia 95

Le *rupestris* ✕ *cordifolia 107-11*... 95, Addit. XV

9. Rupestris-cinerea 97

Le *rupestris* ✕ *cinerea de Grasset (Millardet)* ... 98

10. Les Labrusca ✕ riparia 99

Le *Taylor* 99
Le *Taylor-Narbonne* 100

b) HYBRIDES AMÉRICO-AMÉRICAINS COMPLEXES OU PROBABLE-
MENT COMPLEXES 102

11. Riparia ✕ rupestris ✕ candicans 102

Le *Solonis* ....
Le *Solonis* ✕ *riparia 1616* .... 108, Addit. XV
Le *Solonis* ✕ *riparia 1615 Couderc* 110
Le *Solonis* ✕ *cordifolia-rupestris 202-5* 111

12. Les Riparia-rupestris-cordifolia 111

Le *riparia* ✕ *cordifolia-rupestris de Grasset 106-8* 111

13. Riparia rupestris-æstivalis 115

L'*œstivalis-rupestris* ✕ *riparia 227-13-21* 115, Addit. XVI
Le *rupestris* ✕ *hybride Azémar 215-2* 117

14. Riparia-rupestris-cinerea 118

Le *cinerea-rupestris de Grasset* ✕ *riparia 239-6-20* 118

15. Riparia-rupestris-æstivalis-Monticola 119

Le Monticola × riparia 554-5 (Couderc)...... 119

III. VIGNES EUROPÉENNES ENTRANT DANS LA COMPO-
SITION DES HYBRIDES FRANCO-AMÉRICAINS
EMPLOYÉS DANS LES EXPÉRIENCES DE LA PÉPI-
NIÈRE DE VEYRIER 121

L'Aramon.......................... 121
Les cabernets...................... 122
Le Bourrisquou 123
Le Mourvèdre ou Espar............. 124
Le chasselas....................... 126
Le Colombaud 127

IV. LES FRANCO-AMÉRICAINS................. 128

1. Le mourvèdre × rupestris 1202......... 135
2. Bourrisquou × rupestris.............. 139

Le Bourrisquou × rupestris 601.......... 139
Le Bourrisquou × rupestris 603......... 140

3. Aramon-rupestris Ganzin.............. 141

L'Aramon × rupestris Ganzin No 1 141
L'Aramon × rupestris Ganzin No 2 145
L'Aramon × rupestris Ganzin No 9 147

4. Colombaud × rupestris Martin......... 148

Le Gamay Couderc 3103 148

5. Chasselas × Berlandieri 41 B......... 149
6. Le cabernet × Berlandieri 333 ..... 152, Addit. XV
7. L'Aramon × riparia 143 A........... 153
8. Les cabernets × rupestris........ 154, Addit. XV

Le cabernet × rupestris 33 A.......... 154
Le cabernet × rupestris 33........... 154

RÉSUMÉ DE L'ADAPTATION DES DIFFÉRENTS PORTE-
GREFFES AU SOL............................ 155

DEUXIÈME PARTIE : PRODUCTEURS DIRECTS.. 159

GÉNÉRALITÉS 159

Principales vignes américaines ou européennes ayant
servi à l'hybridation des producteurs directs expérimentés....................................

Vitis Lincecumii.................... 163
Senasqua 164

	Pages.
Le Delaware	165
Le concord	166
Le cinsault	166
Le piquepoul	167
L'Alicante Bouschet	168

. **Producteurs directs expérimentés à Veyrier**...

Le Seibel No 1	169
Le 4401 Couderc (Chasselas rose × rupestris)...	172
Le 4402 Couderc (Chassela rose × rupestris) ...	173
Le Seibel No 2007	173
Le Seibel 128	175
Le Seibel No 182	177
Le Seibel No 14	178
Le Seibel No 209	179
Le Seibel No 181	180
Le Seibel No 156	180
Le Seibel No 117	182
Le Seibel No 127	182
Le Seibel No 2006	183
L'Alicante × rupestris No 20 Terras	183
Le 3907 Couderc	184
L'Auxerrois × rupestris	185
La duchesse	186

2. **Hybrides producteurs directs essayés à Nant-sur-Vevey (Vaud)**

267 × 27 Couderc noir	188
3905 Couderc noir	188
117 × 4 Couderc noir	189
272-60 Couderc blanc	190
7301 Couderc noir	191
7104 Couderc noir	191
96 × 32 Couderc noir	192
4306 Couderc noir	192
Jardin 503 Couderc noir	193
84 × 10 Couderc noir rupestris × vinifera	193
74 × 17 Couderc blanc	194
252 × 14 Couderc blanc	194
247 × 125 Couderc blanc	195
82 × 12 Couderc blanc	195
87 × 32 Couderc blanc	196
71 × 61 Couderc noir	196
126 × 21 Couderc noir	198
87 × 32 Couderc blanc	200
302 × 60 Couderc noir	200
198 × 21 Couderc noir	200
109 × 4 Couderc noir	201
28 × 112 Couderc noir	202
89 × 23 Couderc blanc	203

Pages.

199 × 88 Couderc blanc.................... **204**
117 × 3 Couderc blanc.................... **205**

3. Producteurs directs cités dans la littérature

251 × 150 Couderc blanc 206
157 Gaillard blanc...................... 207
343-14 Couderc blanc 207
241-125 Couderc blanc................. 207
6518 Castel blanc...................... 207
4151 Seibel blanc...................... 207
4590 Seibel blanc...................... 207
2666 Seibel blanc...................... 207
3010 Seibel blanc...................... 207
4466 Seibel blanc...................... 207
4615 Seibel blanc...................... 207
4616 Seibel blanc...................... 207
113 (rupestris othello) × Herbemont d'Aurelle blanc.................... 207
4327 Noah × Aramon.................... 208
4228 Castel blanc...................... 208
19403 rupestris-vinifera × Alicante blanc..... 208
175-38 Couderc blanc................. 208
89-82 Couderc blanc.................... 208
139 Bertille Seyve blanc............... 208
146 Bertille Seyve blanc............... 208
208 Bertille Seyve blanc............... 208
236 Bertille Seyve blanc............... 208
258-6 de Malègue blanc................. 209
120 Castel blanc..................... 209
128 Castel blanc................... 210
450 Bertille Seyve blanc............... 210
292-1 Malègue blanc.................... 210
2627 Seibel rose 210
407 Bertille Seyve rose................. 210
419 Bertille Seyve rose................. 210
Hybride Prady rouge 210
413 Bertille Seyve rouge 211
1 Seibel rouge..................... 211
29 Seibel rouge................... 211
209 Seibel rouge.................... 211
182 Seibel rouge 211
1000 Seibel rouge.................... 211
2021 Seibel rouge................. 211
4499 Seibel rouge.................... 211
3019 Seibel rouge.................... 211
4594 Seibel rouge.................... 211
94 Seibel rouge.................... 211
2524 Seibel rouge................. 211
877 Seibel rouge 211
2814 Seibel rouge.................... 211

Pages.

60 Seibel rouge............................ 211
18339 Castel rouge......................... 211
6606 Castel rouge.......................... 211
6030 Castel rouge.......................... 211
132 $\times$ 11 Couderc rouge................... 211
403 Bertille Seyve......................... 212
413 Bertille Seyve......................... 212
595 riparia $\times$ gamay Oberlin.............. 212
604 riparia $\times$ gamay Oberlin.............. 212
605 riparia $\times$ gamay Oberlin.............. 213
2660 Seibel.............................. 214
7120 Couderc............................ 214
226-58 Couderc...:....................... 214
L'oiseau bleu............................ 215
618 Bertille Seyve........................ 215
1000 Seibel 215

RENSEIGNEMENTS BIBLIOGRAPHIQUES..................... 215

TABLE NUMÉRIQUE

DES PORTE-GREFFES ET PRODUCTEURS DIRECTS

PORTE-GREFFES

	Pages.		Pages.
11 F (Dufour)	56	227-13-21 (Mill. de Gr.).	115
33 A. (Couderc).........	154	Addit.	XVI
34 EM. (Fœx)..........	83	239-6-20 » » » .	118
41 B (Mill. de Gr.).....	149	301 A » » » .	88
75-1 » » »	64	301 B » » » .	88
101 » » »	55	333 (Fœx)..... 152, Addit.	XV
101-14 » » »	50	420 A (Mill. de Gr.). 77, Addit.	XV
101-16 » » »	54	420 B » » » .81, Addit.	XV
106-8 » » »	111	420 C » » »	75
107-11 » » » .95, Addit.	XV	554-5 Couderc..........	119
108-103 » »	65	601...................	139
125-1 » »	93	603...................	140
143 A. » »	153	1202.................	135
157-11 (Couderc)	71	1615.................	140
199-16 (Mill. de Gr.)....	92	1616........ 108, Addit.	XV
202-5 » » »	111	3103.................	148
215-2 » » »	117	3306.................	60
219 A » » »	89	3309.................	58

PRODUCTEURS DIRECTS[1]

BLANCS

	Pages.
Duchesse..	186
74 × 17 Couderc..	194
82 × 17..	195
87 × 32..	196-200
89 × 23..	203
89 × 82..	208
108 Bertille Seyve...	208
113 (rup. × Othello) × Herbemont d'Aurelles..............	207
117 × 3 Couderc...	205
120 Castel...	209
128 »...	209
139 Bertille Seyve...	208
146 » »..	208
157 Gaillard-Girerd...	207
175-38 Couderc...	208
199 × 88 Couderc..	204
208 Bertille Seyve...	208
236 Bertille Seyve...	208
241 × 125 Couderc...	207
247 × 125 »...	195
251 × 150 Couderc...	206
252 × 14 »...	194
258 × 6 de Malègue...	209
272 × 60 Couderc..	190
292 × 1 de Malègue...	210
343-14 Couderc...	207
450 Bertille Seyve...	210
2666 Seibel...	207
3010 »...	207
4151 »...	207
4228 Castel...	208
4327 Noah × Aramon...	208
4466 Seibel...	207
4590 »...	207
4615 »...	207
4616 »...	207
6518 Castel...	207
19403 rupestris vinifera × Alicante........................	208

[1] (Voir remarques complémentaires, page IX).

ROSES

Pages.

407 *Bertille Seyve*.. 210
419   »   »   210
2627 *Seibel*.. 210

ROUGES

Auxerrois × *rupestris* 185
Hybride Prady.. 210
Oiseau bleu.. 215
1 *Seibel* 169-211
14 »   178
20 *Alicante* × *rupestris Terras*......................... 183
28 × 112 *Couderc*..................................... 202
29 *Seibel*.. 211
60   »   211
71 × 61 *Couderc*..................................... 196
84 × 10   »   193
94 *Seibel*.. 211
96 × 32 *Couderc*..................................... 192
109 × 4   » 201
117 *Seibel*.. 182
117 × 4 *Couderc*..................................... 189
126 × 21   »   211
127 *Seibel*.. 182
128   »   175
132 × 11 *Seibel*..................................... 211
156 *Seibel*.. 180
181   »   180
182   »   177-211
198 × 21 *Couderc*.................................... 200
209 *Seibel*.. 179-211
226 × 58 *Couderc*.................................... 214
267 × 27   »   188
302 × 60 200
403 *Bertille Seyve*.................................... 212
413   »   »   211-212
503 *Jardin Couderc* 193
595 *riparia* × *gamay Oberlin*........................ 212
604   »   »   »   212
605   »   »   »   213
618 *Bertille Seyve*.................................... 245
877 *Seibel*.. 211
1000 »   211-245
2006 »   183

		Pages
2007 Seibel		173
2021 »		211
2524 »		211
2660 »		214
2814 »		211
3019 »		211
3905 Couderc		188
3907 »		184
4306 »		192
4401 Couderc (chasselas rose × rupestris)		172
4402 »		173
4499 Seibel		211
4594 »		211
6030 Castel		211
6606 »		211
7104 Couderc		191
7120 »		214
7301 »		191
18339 Castel		211

TABLE ALPHABÉTIQUE DES CÉPAGES

A

Pages.

Æstivalis.. 47
Æstivalis × riparia 92
Æstivalis × riparia 199-16 92
Æstivalis-rupestris × riparia 227-13-21 .... 115, Addit. XV
Alicante-Bouschet... 168
Alicante × rupestris Nᵒ 20 Terras.............................. 183
Aramon... 121
Aramon × riparia 143 A.. 153
Aramon-rupestris Ganzin.. 141
Aramon-rupestris Ganzin Nᵒ 1 141
Aramon-rupestris Ganzin Nᵒ 2................................... 145
Aramon-rupestris Ganzin Nᵒ 9.................................. 147
Arizonica 48
Auxerrois × rupestris 185

B

Berlandieri (les)... 35
Berlandieri × riparia 66
Berlandieri × riparia 157¹¹ 71
Berlandieri × riparia 420 A.................... 77, Addit. XV
Berlandieri × riparia 420 B.................... 81, Addit. XV
Berlandieri × riparia 420 C 75
Berlandieri × riparia 34 E. M. (Fœx)........................... 83
Bertille Seyve (voir table numérique des producteurs directs)... 225
Bourrisquou.. 123
Bourrisquou rupestris.. 139
Bourrisquou rupestris 601...................................... 139
Bourrisquou rupestris 603...................................... 140

C

Cabernets (Les).. 122
Cabernet × Berlandieri 333.................... 152, Addit. XV
Cabernet × rupestris .... 154, Addit. XV
Cabernet × rupestris 33.. 154
Cabernet × rupestris 33 A 154
Candicans.. 41
Castel (voir table numérique des Producteurs directs)......... 225
Chasselas.. 126

Pages.

Chasselas × Berlandieri 41 B...................... 149
Cinerea-rupestris de Grasset × riparia 239-6-20.......... 118
Cinsault....................................... 166
Colombaud..................................... 127
Colombaud × rupestris Martin..................... 148
Concord....................................... 166
Cordifolia..................................... 42
Cordifolia × riparia 125-1..................... 93
Couderc (voir table numérique des Producteurs directs)....... 225

D

Delaware.. 165
Duchesse....................................... 186

E

Espar... 124

G

Gaillard-Girerd blanc 157....................... 207
Gamay Couderc 3103............................ 148

H

Hybride Prady rouge.............................. 210

J

Jardin 503 Couderc noir........................ 193

L

Labrusca...................................... 44
Labrusca × riparia............................. 99
Lincecumii.................................... 163

M

Malègue (de) 258 × 6.......................... 209
Malègue (de) 292 × 1.......................... 210
Monticola..................................... 45
Monticola × riparia 554-5 (Couderc)........... 119
Mourvèdre..................................... 124
Mourvèdre × rupestris 1202.................... 135

N

Noah × Aramon 4327........................... 208

O

Oiseau bleu................................... 215

Pages

P

Piquepoul... 167

R

Riparia (les) 7
Riparia-cordifolia 93
Riparia × cordifolia-rupestris de Grasset 106-8................ 111
Riparia du Colorado = ... 90
Riparia × gamay Oberlin 595.................................... 212
Ripaaia × gamay Oberlin 604.................................... 212
Riparia × gamay Oberlin 605.................................... 213
Riparia gloire... 7
Riparia grand glabre... 16
Riparia × monticola.. 90
Riparia × rupestris 50
Riparia × rupestris 101... 55
Riparia × rupestris 101-14...................................... 50
Riparia × rupestris 101-16...................................... 54
Riparia × rupestris 11 F 56
Riparia × rupestris 3306.. 60
Riparia × rupestris 3309.. 58
Riparia × rupestris-æstivalis 115
Riparia × rupestris æstivalis-monticola......................... 119
Riparia × rupestris × candicans................................ 102
Riparia × rupestris-cinerea..................................... 118
Riparia × rupestris-cordifolia 111
Rupestris (les).. 17
Rupestris × Berlandieri (les).................................... 85
Rupestris × Berlandieri 219 A 89
Rupestris × Berlandieri 301 A 88
Rupestris × Berlandieri 301 B 88
Rupestris-cinerea... 97
Rupestris-cinerea de Grasset (Millardet)........................ 97
Rupestris × cordifolia 95
Rupestris × cordifolia 107-11 .... 95, Addit. XV
Rupestris Ganzin.. 25
Rupestris Azémar 215-2 117
Rupestris du Lot.. 32
Rupestris Martin 27
Rupestris × riparia (les) 63
(Rupestris × Othello) × Herbemont d'Aurelles 113........... 207
Rupestris × riparia 75[1].. 64
Rupestris × riparia 108[103].................................... 65
Rupestris Taylor.. 34
Rupestris-vinifera × Alicante................................... 204

S

Seibel (voir table numérique des Producteurs directs) 225
Senasqua.. 164

Pages.

Solonis ✕ riparia 1616 .... 108, Addit. XV
Solonis ✕ riparia 1615 (Couderc)....................... 110
Solonis ✕ cordifolia rupestris 202-5.................... 111

T

Taylor 99
Taylor-Narbonne 100

RÉPERTOIRE DE LA TABLE DES MATIÈRES

Table méthodique des matières........................ 218
Table numérique des porte-greffes et producteurs directs....... 225
Table alphabétique des cépages....................... 228

www.ingramcontent.com/pod-product-compliance
Lightning Source LLC
Chambersburg PA
CBHW070549200326
41519CB00012B/2169